KB261595

제과·제빵 기능사 실기

이승식 · 김지은 · 채은주 · 홍여주 공저

일진사

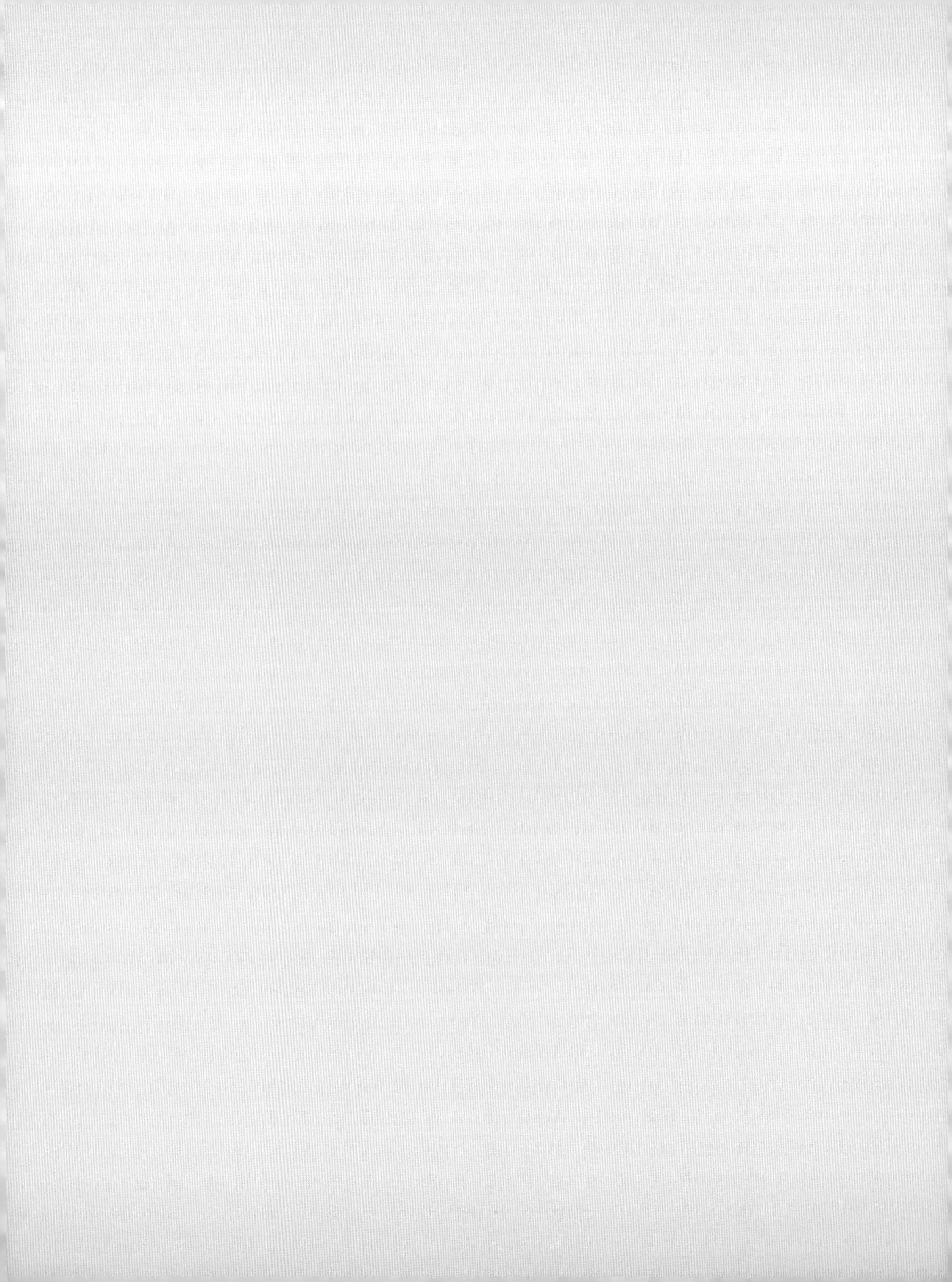

머리말

　제과 · 제빵문화가 우리나라에 들어온 이후 빵이나 과자의 개념이 간식에서 주식으로 변화되어 가면서 어린이부터 어른에 이르기까지 맛있고 간편하게 즐길 수 있는 식품 및 문화가 빠르게 형성되었다.

　이러한 시대의 흐름에 따라 빵과 과자의 소비량이 늘어나면서 단순히 취미생활을 위해 제과 · 제빵을 배우려는 사람뿐만 아니라 창업이나 취업을 하기 위해 자격증을 취득하려는 사람들이 늘어가고 있으며, 그에 따른 교육기관도 많이 설립되고 있는 추세이다.

　이 책은 제과 · 제빵기능사 실기시험을 준비하는 수험생과 제과 · 제빵에 관심이 있는 모든 분께 도움이 되도록 다음과 같은 특징으로 구성하였다.

첫째, 국가자격시험 출제 기준에 따라 2018년 7월 1일 시행 예정인 제과 · 제빵기능사 실기시험 공개 과제를 모두 수록하였다.

둘째, 학생들이 이해하기 쉽고 편안하게 실습할 수 있도록 만드는 과정을 컬러사진과 함께 수록하여 제과 · 제빵 과정을 완벽하게 습득할 수 있도록 하였다.

셋째, QR 코드로 동영상 무료강의를 들을 수 있게 함으로써 어려운 제조 과정을 쉽게 따라 할 수 있고 언제 어디서나 편리하게 학습할 수 있도록 하였다.

넷째, 핵심 point를 수록하여 실기시험 시 주의해야 할 내용을 설명하였다.

　이 책으로 공부하신 수험생 모두에게 합격의 영광이 있기를 바란다. 책이 나오기까지 도움을 주신 모든 분께 감사를 드리며, 바쁜 일정에도 본 책을 출판하는 데 아낌없는 도움을 주신 도서출판 일진사 임직원 여러분께 깊은 감사의 마음을 전한다.

저자 일동

출제 기준

직무 분야	식품가공	중직무 분야	제과 제빵	자격 종목	제과기능사	적용 기간	2017. 1. 1. ~ 2021. 12. 31.

직무 내용 : 제과는 고객가치에 부합하는 고품질의 과자류 제품을 제공하기 위해 효율적이고 체계적인 기술과 생산계획을 수립하여 경영, 판매, 생산, 위생 및 관련 업무를 실행하는 직무

수행 준거 : 1. 제품 제조에 필요한 재료의 배합표를 작성할 수 있다.
           2. 재료를 계량하고 각종 제과용 기계 및 기구를 사용할 수 있다.
           3. 믹싱, 성형, 굽기, 장식 등의 공정을 거쳐 각종 과자 제품을 만들 수 있다.

실기 검정 방법	작업형	시험 시간	4시간 30분 정도

실기 과목명	주요 항목	세부 항목
제과 작업	1. 과자류 제품 재료 혼합	1. 재료 계량하기 2. 반죽형 반죽하기 3. 거품형 반죽하기 4. 퍼프 페이스트리 반죽하기 5. 충전물 제조하기 6. 다양한 반죽하기
	2. 과자류 제품 반죽 정형	1. 분할 패닝하기 2. 쿠키류 성형하기 3. 퍼프 페이스트리 성형하기 4. 다양한 성형하기
	3. 과자류 제품 반죽 익힘	1. 반죽 굽기 2. 반죽 튀기기 3. 반죽 찌기
	4. 과자류 제품 포장	1. 과자류 제품 냉각하기 2. 과자류 제품 장식하기 3. 과자류 제품 포장하기
	5. 과자류 제품 위생 안전관리	1. 개인 위생 안전관리하기 2. 환경 위생 안전관리하기 3. 기기 안전관리하기

출제 기준

직무 분야	식품가공	중직무 분야	제과 제빵	자격 종목	제빵기능사	적용 기간	2017.1.1.~2021.12.31.

직무 내용 : 제빵은 고객가치에 부합하는 고품질의 빵류 제품을 제공하기 위해 효율적이고 체계적인 기술과 생산계획을 수립하여 경영, 판매, 생산, 위생 및 관련 업무를 실행하는 직무

수행 준거 : 1. 제빵 제품 제조에 필요한 재료의 배합표를 작성할 수 있다.
2. 재료를 계량하고 각종 제빵용 기계 및 기구를 사용할 수 있다.
3. 믹싱, 발효, 성형, 굽기, 장식 등의 공정을 거쳐 각종 빵류 제품을 만들 수 있다.

실기 검정 방법	작업형	시험 시간	4시간 30분 정도

실기 과목명	주요 항목	세부 항목
제빵 작업	1. 빵류 제품 재료 혼합	1. 재료 계량하기 2. 스트레이트법 혼합하기 3. 스펀지법 혼합하기 4. 다양한 혼합하기
	2. 빵류 제품 반죽 정형	1. 반죽 분할 둥글리기 2. 중간 발효하기 3. 반죽 성형 패닝하기
	3. 빵류 제품 반죽 익힘	1. 반죽 굽기 2. 반죽 튀기기 3. 다양한 익히기
	4. 빵류 제품 마무리	1. 빵류 제품 충전하기 2. 빵류 제품 토핑하기 3. 빵류 제품 냉각포장하기
	5. 빵류 제품 위생 안전관리	1. 개인 위생 안전관리하기 2. 환경 위생 안전관리하기 3. 기기 안전관리하기

제과기능사 실기 공개 과제

제과기능사

찹쌀도넛
(1시간 50분)

초코롤
(1시간 50분)

멥쌀스펀지 케이크(공립법)
(1시간 50분)

흑미쌀 롤 케이크(공립법)
(1시간 50분)

초코머핀(초코컵 케이크)
(1시간 50분)

버터스펀지 케이크(별립법)
(1시간 50분)

마카롱 쿠키
(2시간 10분)

젤리롤 케이크
(1시간 30분)

소프트롤 케이크
(1시간 50분)

버터스펀지 케이크(공립법)
(1시간 50분)

마드레느
(1시간 50분)

쇼트브레드 쿠키
(2시간)

슈
(2시간)

브라우니
(1시간 50분)

과일 케이크
(2시간 30분)

파운드 케이크
(2시간 30분)

제과기능사

다쿠와즈
(1시간 50분)

타르트
(2시간 20분)

사과 파이
(2시간 30분)

퍼프 페이스트리
(3시간 30분)

시퐁 케이크(시퐁법)
(1시간 40분)

밤과자
(3시간)

마데라(컵) 케이크
(2시간)

버터쿠키
(2시간)

치즈 케이크
(2시간 30분)

호두 파이
(2시간 30분)

제빵기능사 실기 공개 과제

빵도넛
(3시간)

소시지빵
(4시간)

식빵(비상스트레이트법)
(2시간 40분)

단팥빵(비상스트레이트법)
(3시간)

브리오슈
(3시간 30분)

그리시니
(2시간 30분)

밤식빵
(4시간)

베이글
(3시간 30분)

통밀빵
(4시간)

스위트롤
(4시간)

우유식빵
(4시간)

불란서빵
(4시간)

단과자빵(트위스트형)
(4시간)

단과자빵(크림빵)
(4시간)

풀만식빵
(4시간)

단과자빵(소보로빵)
(4시간)

제빵기능사

더치빵
(4시간)

호밀빵
(4시간)

페이스트리 식빵
(4시간 30분)

버터톱 식빵
(3시간 30분)

옥수수식빵
(4시간)

데니시 페이스트리
(4시간 30분)

모카빵
(4시간)

버터롤
(4시간)

쌀식빵
(4시간)

차 례

시험 안내 및 도구 · 기구

제과기능사 출제 과제

제빵기능사 출제 과제

시험 안내 및 도구·기구

- 제과·제빵 기능사 자격 정보
- 제과·제빵 기능사 시험 안내
- 기본 도구 및 기구

1. 개요

제과·제빵에 관한 숙련 기능을 가지고 제과·제빵 제조와 관련된 업무를 수행할 수 있는 능력을 가진 전문 인력을 양성하기 위해 자격 제도를 제정하였다.

2. 수행 직무

각 제과·제빵 제품 제조에 필요한 재료의 배합표 작성과 재료 평량을 하고, 각종 제과·제빵용 기계 및 기구를 사용하여 성형, 굽기, 장식, 포장 등의 공정을 거쳐 제과 제품과 제빵 제품을 만드는 업무를 수행한다.

3. 관련 학과

농업계 고등학교 식품가공학과, 대학의 조리학과 및 제과·제빵학과

4. 관련 부처

식품의약품안전처

5. 출제 경향

재료 평량, 반죽(발효), 성형, 굽기 등의 공정을 거쳐 요구하는 제과 작품, 제빵 작품을 만드는 작업을 수행한다.

6. 진로 및 전망

1 식빵류, 과자류를 제조하는 제빵 전문업체, 비스킷류, 케이크 등을 제조하는 제과 전문 생산업체, 빵 및 과자류를 제조하는 생산업체, 손작업을 위주로 빵과 과자를 생산 판매하는 소규모 빵집이나 제과점, 관광업을 하는 대기업의 제과·제빵 부서, 기업체 및 공공기관의 단체 급식소, 장기간 여행하는 해외 유람선이나 해외로도 취업이 가능하다.

2 자격증이 있다고 해서 취직에 결정적인 요소로 작용하는 것은 아니지만 자격 수당을 받거나 인사 고과 시 유리한 혜택을 받을 수도 있다.

3 해당 직종이 점점 전문성을 요구하는 방향으로 나아가고 있으므로 제과·제빵사를 직업으로 선택하려는 사람에게는 필요한 자격 직종이다.

② 제과 · 제빵기능사 시험 안내

1. 시행처

한국기술자격검정원

2. 실시 기관 홈페이지

http://t.q-net.or.kr

3. 시험 대상

필기시험 합격자 및 필기시험 면제자

4. 필기시험 면제자

동일 직무분야 및 등급 종목에 한해 해당 국가기술자격을 취득한 날부터 2년간 필기시험이 면제된다.

5. 시험 과목

- 필기 : 1. 제조 이론   2. 재료 과학
          3. 영양학   4. 식품위생학
- 실기 : 제과 · 제빵 작업

6. 검정 방법

- 필기 : 객관식 4지 택일형, 60문항(60분)
- 실기 : 작업형(2~4시간 정도)

7. 합격 기준

100점 만점에 60점 이상

8. 응시 자격

제한 없음

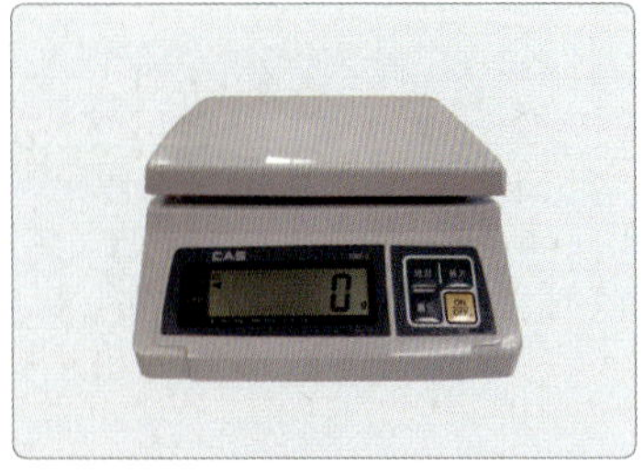

전자저울 : 재료의 무게를 계량할 때 사용한다.

디핑 포크 : 초콜릿에 담근 반죽을 건질 때 사용한다.

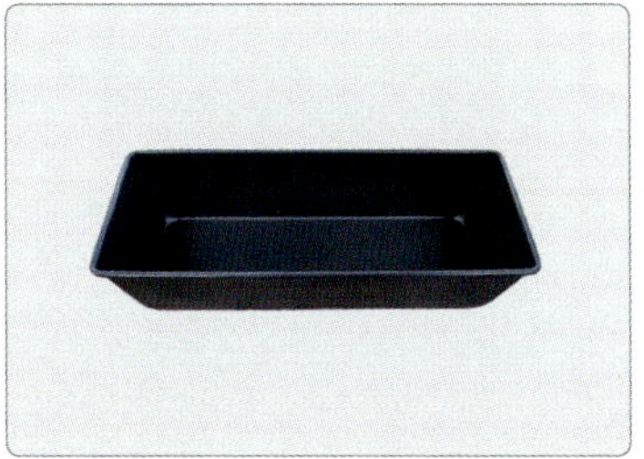

파운드 팬 : 파운드 케이크를 만들 때 사용한다.

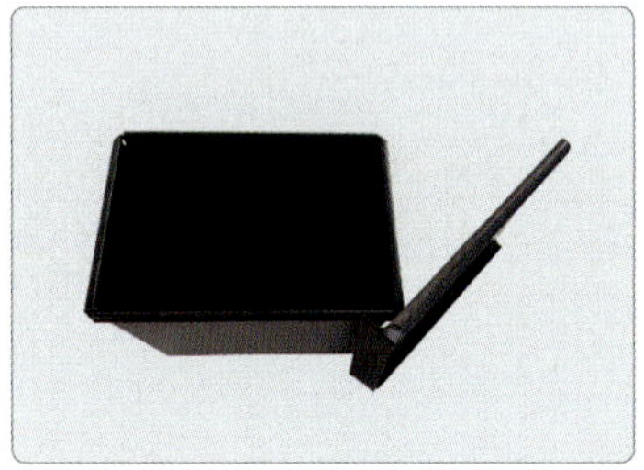

풀먼 식빵 팬 : 풀먼 식빵을 만들 때 사용한다.

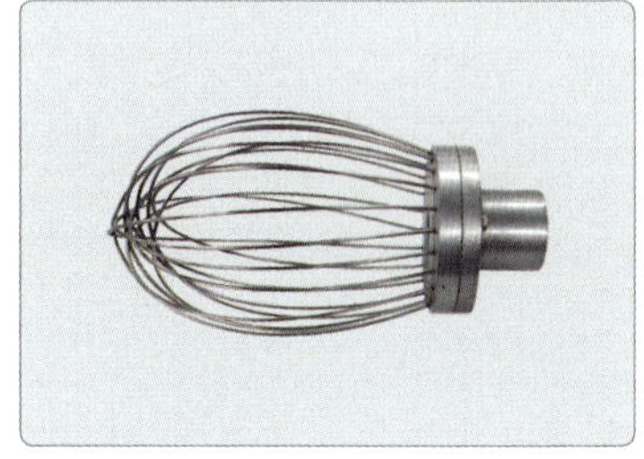

거품기 : 믹서기에 끼워서 거품을 낼 때 사용한다.

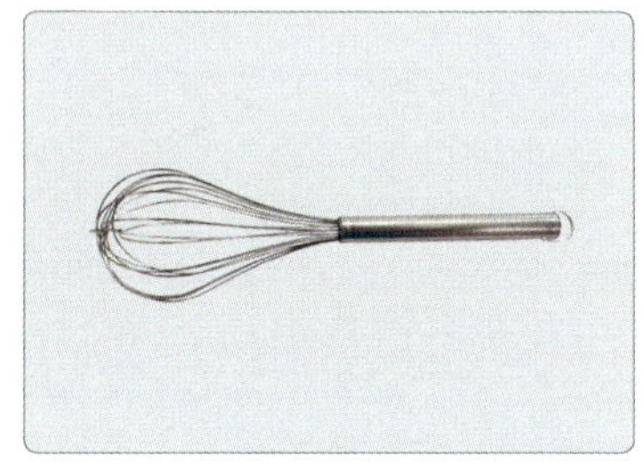

거품기 : 손으로 달걀 거품을 내거나 버터를 부드럽게 할 때 사용한다.

가루 체 : 소량의 가루 재료를 뿌릴 때 사용한다.

손잡이 체 : 밀가루를 체 치거나 도넛를 건질 때 사용한다.

케이크 원형 팬 : 스펀지를 만들 때 사용한다.

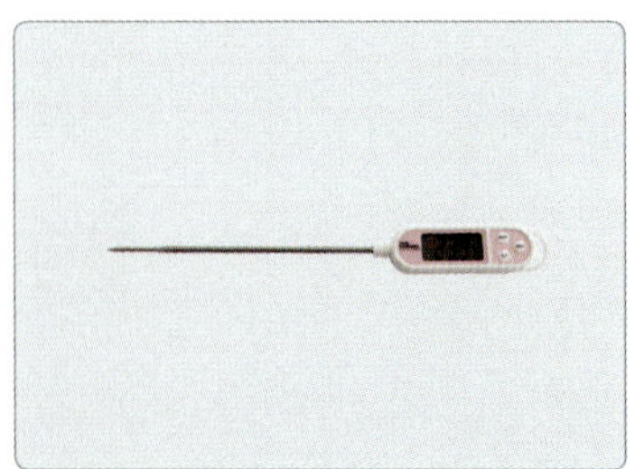

온도계 : 물, 반죽, 기름 온도를 확인할 때 사용한다.

스파이크 롤러 : 페이스트리나 파이를 만들 때 사용한다.

짤주머니 : 쿠키나 슈 등 반죽을 넣고 짤 때 사용한다.

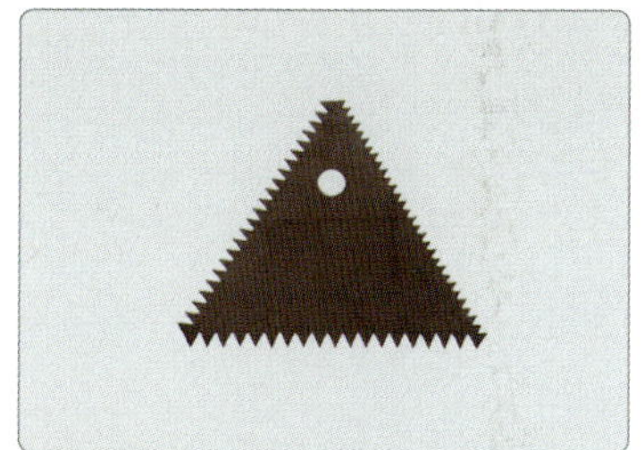

삼각톱칼 : 케이크를 아이싱 하고 모양을 낼 때 사용한다.

테프론 시트 : 마카롱을 굽거나 설탕 공예를 할 때 사용한다.

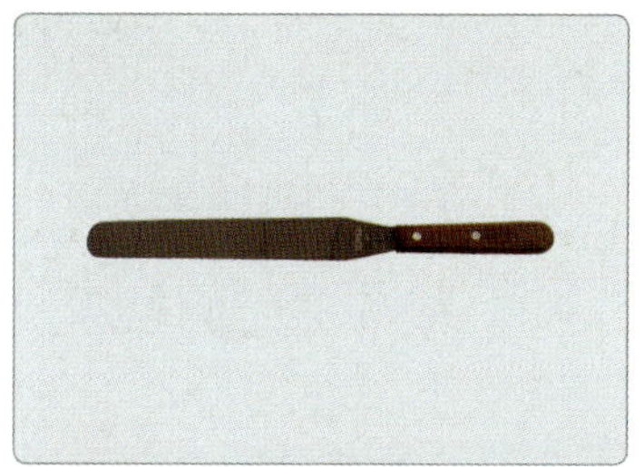

스패튜라 : 케이크를 아이싱 할 때 사용한다.

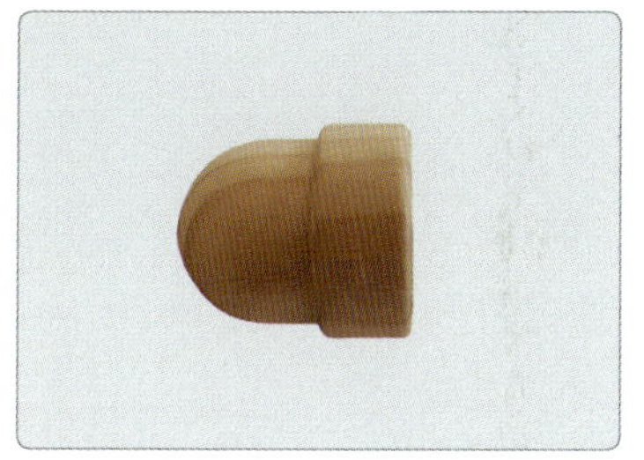

목란 : 단팥빵의 모양을 잡을 때 사용한다.

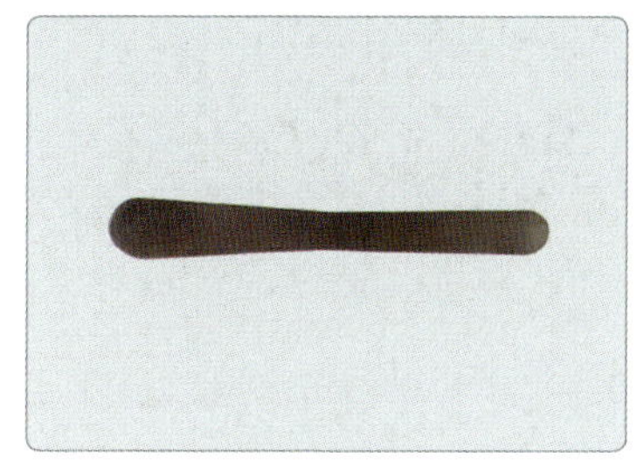

헤라 : 단팥빵에 팥을 넣을 때 사용한다.

스크레이퍼 : 반죽을 분할할 때 사용한다.

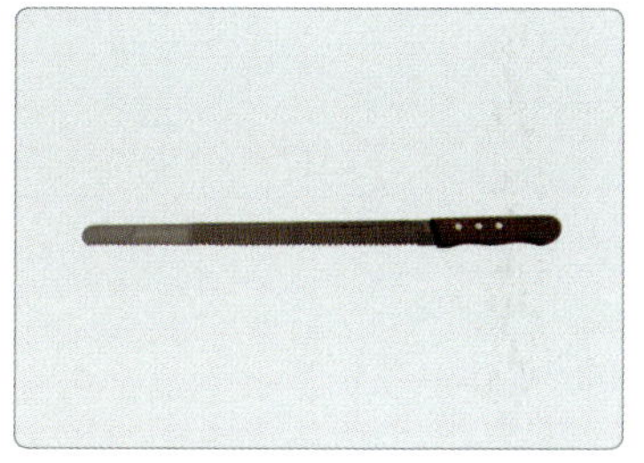

톱칼(빵칼) : 빵이나 케이크를 자를 때 사용한다.

고무주걱 : 볼에 있는 반죽을 깨끗이 긁어낼 때 사용한다.

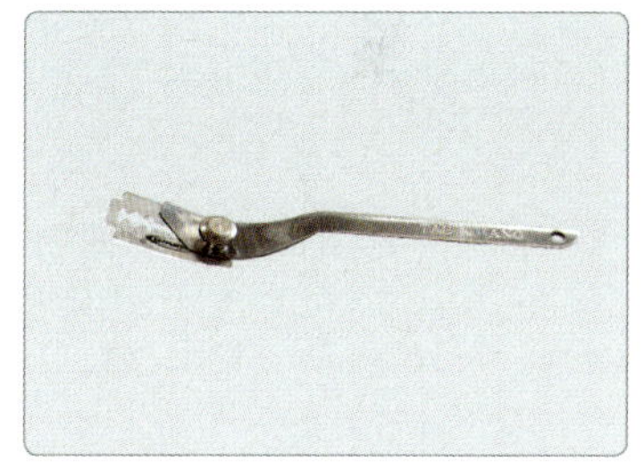

프랑스빵칼 : 빵에 칼집을 넣을 때 사용하는 바게트 전용 칼이다.

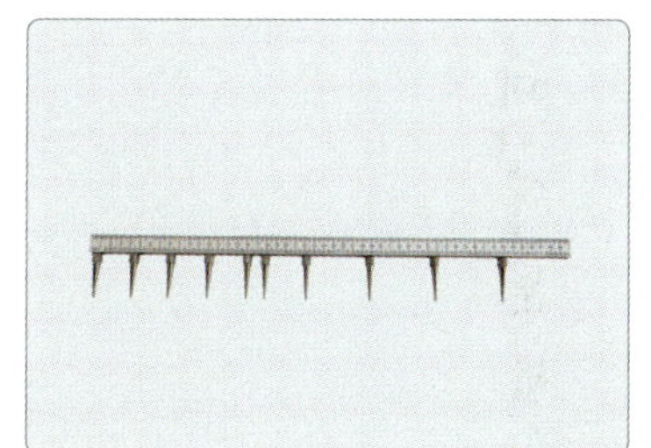

자 : 페이스트리를 할 때 사용하는 전용 자이다.

시퐁 팬 : 시퐁 케이크를 만들 때 사용한다.

파이롤라 : 페이스트리를 할 때 자르는 전용 칼이다.

수험자 유의 사항

- 항목별 배점은 제조공정 60점, 제품평가 40점입니다.

- 시험시간은 재료 계량시간이 포함된 시간입니다.

- 안전사고가 없도록 유의합니다.

- 제품의 위생과 수험자의 안전을 위하여 위생기준에 적합하지 않을 경우 득점상의 불이익이 발생할 수 있습니다.

- 의문 사항은 시험위원(본부요원, 감독위원)에게 문의하고, 그 지시에 따릅니다.

- 다음과 같은 경우에는 채점대상에서 제외됩니다.

  미완성 : 시험시간 내에 작품을 제출하지 못한 경우

  기　권 : 수험자 본인이 수험 도중 기권한 경우

  실　격 : 작품의 가치가 없을 정도로 타거나 익지 않은 경우
  　　　　주요 요구사항(수량, 모양, 반죽제조법)을 준수하지 않았을 경우
  　　　　지급된 재료 이외의 재료를 사용한 경우
  　　　　시험 중 시설·장비의 조작 또는 재료의 취급이 미숙하여 위해를
  　　　　일으킬 것으로 감독위원 전원이 합의하여 판단한 경우

제과기능사 출제 과제

- 찹쌀도넛
- 멥쌀스펀지 케이크(공립법)
- 초코머핀(초코컵 케이크)
- 마카롱 쿠키
- 소프트롤 케이크
- 마드레느
- 슈
- 과일 케이크
- 다쿠와즈
- 사과 파이
- 시퐁 케이크(시퐁법)
- 마데라(컵) 케이크
- 치즈 케이크
- 초코롤
- 흑미쌀 롤 케이크(공립법)
- 버터스펀지 케이크(별립법)
- 젤리롤 케이크
- 버터스펀지 케이크(공립법)
- 쇼트브레드 쿠키
- 브라우니
- 파운드 케이크
- 타르트
- 퍼프 페이스트리
- 밤과자
- 버터쿠키
- 호두 파이

 찹쌀도넛

요구사항

⏱ 1시간 50분

찹쌀도넛을 제조하여 제출하시오.

1. 배합표의 각 재료를 계량하여 재료별로 진열하시오(8분).
2. 반죽은 1단계법, 익반죽으로 제조하시오.
3. 반죽 1개의 분할 무게는 40g으로, 팥앙금 무게는 30g으로 제조하시오.
4. 반죽은 전량을 사용하여 성형하시오.
5. 기름에 튀겨낸 뒤 설탕을 묻히시오.

Point 도넛을 튀길 때 밑면이 탈 수 있으므로 불을 껐다가 도넛이 떠오르면 다시 켠다.

배합표

재료	비율	무게
찹쌀가루	85%	510g
중력분	15%	90g
설탕	15%	90g
소금	1%	6g
베이킹파우더	2%	12g
베이킹소다	0.5%	3g
쇼트닝	6%	36g
물	22~26%	132~156g
계	146.5~150.5%	879~903g

충전물

충전용 재료는 계량시간에서 제외

재료	비율	무게
통팥앙금	110%	660g
설탕	20%	120g

1. 뜨거운 물을 넣고 반죽이 뭉쳐지면 베이킹파우더와 베이킹소다를 넣어서 반죽한다.

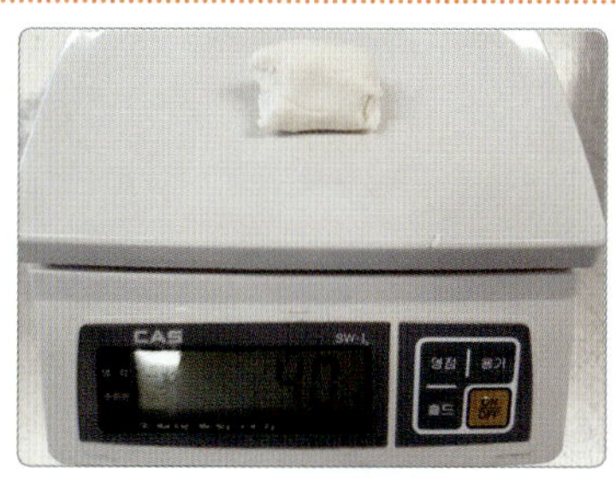

2. 반죽을 40g씩 분할한다.

3. 팥앙금을 30g씩 분할한다.

4. 분할한 반죽에 팥앙금을 포앙한다.

5. 터지지 않도록 포앙해야 질 좋은 제품이 된다.

6. 180℃ 정도 되면 불을 끄고, 포앙한 반죽을 넣는다.

7. 시간이 지나면 반죽이 서서히 떠오른다.

8. 도넛이 완전히 떠오른 상태

9. 다시 불을 켜고 손잡이 체를 사용하여 도넛을 돌려준다.

10. 기름에 완전히 익은 상태

11. 기름에서 건진 도넛의 모습

12. 식은 후 설탕을 묻힌다.

초코롤

  **1시간 50분**

초코롤을 제조하여 제출하시오.

1. 배합표의 각 재료를 계량하여 재료별로 진열하시오(7분).
2. 반죽은 공립법으로 제조하시오.
3. 반죽 온도는 24℃를 표준으로 하시오.
4. 반죽의 비중을 측정하시오.
5. 제시한 철판에 알맞도록 패닝하시오.
6. 반죽은 전량을 사용하시오.
7. 충전용 재료는 가나 슈를 만들어 사용하시오.

Point 오븐에서 꺼낸 스펀지는 충분히 식힌 후 말아야 가나 슈가 녹지 않는다.

배합표

재료	비율	무게
박력분	100%	168g
달걀	285%	480g
설탕	128%	216g
코코아파우더	21%	36g
베이킹소다	1%	2g
물	7%	12g
우유	17%	30g
계	559%	944g

충전물

충전용 재료는 계량시간에서 제외

재료	비율	무게
다크커버추어	119%	200g
생크림	119%	200g
럼	12%	20g

1. 믹싱 볼에 달걀을 넣고 풀어준 후 설탕을 넣는다.

2. 거품을 올린다.

3. 반죽을 흘려보면서 모양이 유지될 때까지 거품을 올린다.

4. 박력분과 코코아파우더는 체를 쳐서 넣는다.

5. 골고루 섞는다.

6. 물, 우유, 베이킹소다를 넣고 섞는다. 비중 0.45±0.05

7. 작은 스테인리스 볼로 반죽을 덜어낸다.

8. 반죽을 패닝하고 평평하게 한다.

9. 생크림을 데우고 다크커버추어와 럼을 넣어 가나 슈를 만든다.

10. 윗불 185℃, 밑불 150℃, 20분 전후에서 굽기가 끝난 모습

11. 가나 슈를 펴서 바른다.

12. 말아준다. 감독위원의 요구에 따라 뒤집어서 말 수도 있다.

멥쌀스펀지 케이크
(공립법)

요구사항 🕐 **1시간 50분**

멥쌀스펀지 케이크(공립법)를 제조하여 제출하시오.

1. 배합표의 각 재료를 계량하여 재료별로 진열하시오(**6분**).

2. 반죽은 **공립법**으로 제조하시오.

3. 반죽 온도는 **25℃**를 표준으로 하시오.

4. 반죽의 **비중**을 측정하시오.

5. 제시한 팬에 알맞도록 분할하시오.

6. 반죽은 **전량**을 사용하여 성형하시오.

배합표

재료	비율	무게
멥쌀가루	100%	500g
설탕	110%	550g
달걀	160%	800g
소금	0.8%	4g
바닐라 향	0.4%	2g
베이킹파우더	0.4%	2g
계	371.6%	1858g

Point 멥쌀가루는 잘 뭉치는 성질이 있으므로 가볍고 균일하게 섞도록 주의한다.

만드는 법

1. 믹싱 볼에 달걀을 넣는다.

2. 달걀을 완전히 풀어준다.

3. 설탕과 소금을 넣는다.

4. 거품을 올린다.

5. 거품을 충분히 올린다.

6. 거품기를 들었을 때 반죽의 표면에 자국이 5초 이상 남아 있어야 한다.

7. 멥쌀가루, 바닐라 향, 베이킹파우더는 체를 친다.

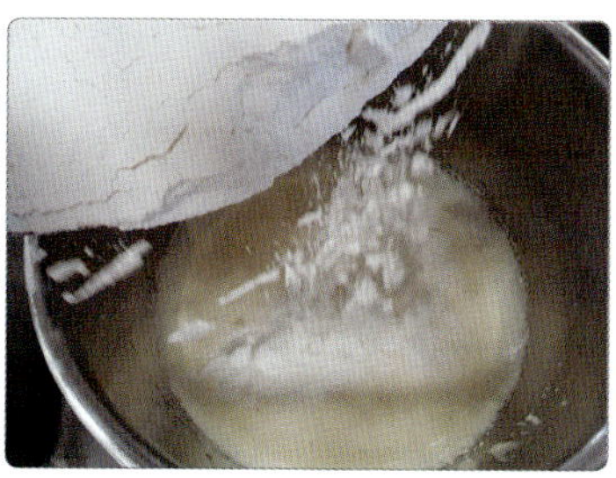

8. 체를 친 가루 재료를 넣는다.

9. 고무주걱으로 골고루 섞는다.

10. 반죽 온도를 확인한다.
비중 0.5±0.05

11. 패닝한다.

12. 윗불 180℃, 밑불 150℃, 25분 전후에서 굽는다.

흑미쌀 롤 케이크
(공립법)

🕐 **1시간 50분**

흑미쌀 롤 케이크(공립법)를 제조하여 제출하시오.

1. 배합표의 각 재료를 계량하여 재료별로 진열하시오(7분).

2. 반죽은 공립법으로 제조하시오.

3. 반죽 온도는 25℃를 표준으로 하시오.

4. 반죽의 비중을 측정하시오.

5. 제시한 팬에 알맞도록 분할하시오.

6. 반죽은 전량을 사용하여 성형하시오.

Point 생크림은 제품을 충분히 식힌 후 발라야 녹지 않는다.

배합표

재료	%	g
박력쌀가루	100%	250g
흑미쌀가루	20%	50g
설탕	120%	300g
달걀	184%	460g
소금	1%	2.5g
베이킹파우더	1%	2.5g
우유	72%	180g
계	498%	1245g

충전물

충전용 재료는 계량시간에서 제외

재료	%	g
생크림	60%	150g

만드는 법

1. 믹싱 볼에 달걀을 넣는다.

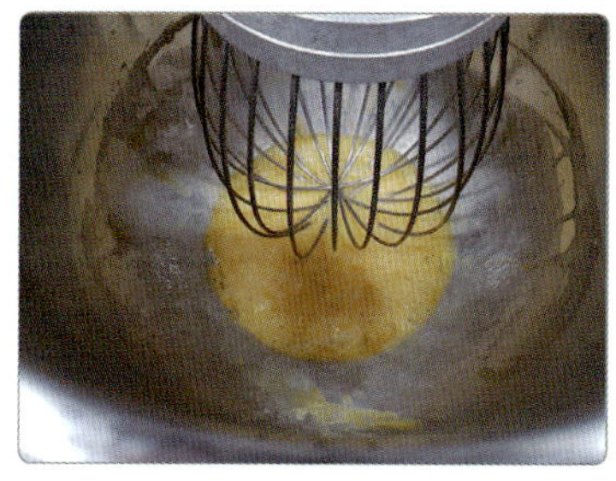

2. 달걀을 완전히 풀어준다.

3. 설탕과 소금을 넣는다.

4. 박력쌀가루, 흑미쌀가루, 베이킹파우더를 넣는다.

5. 우유를 넣는다.

6. 반죽 온도를 확인한다.
비중 0.45±0.05

7. 준비된 팬에 패닝한다.

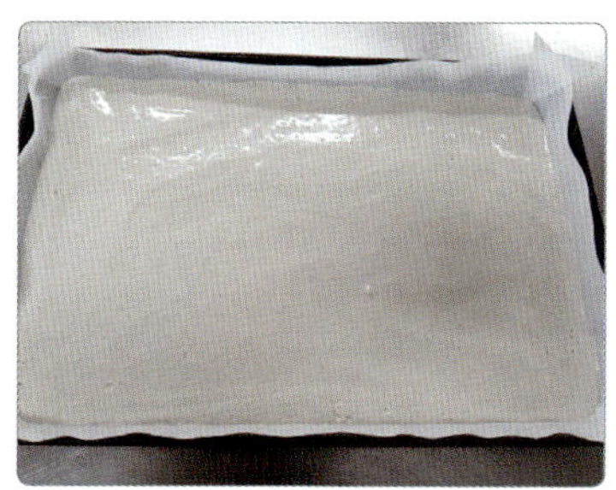

8. 패닝한 모습

9. 윗불 185℃, 밑불 150℃, 20분 전후에서 굽기가 끝난 모습

10. 뒷면에 생크림을 바른다.

11. 말아준다. 감독위원의 요구에 따라 뒤집어서 말 수도 있다.

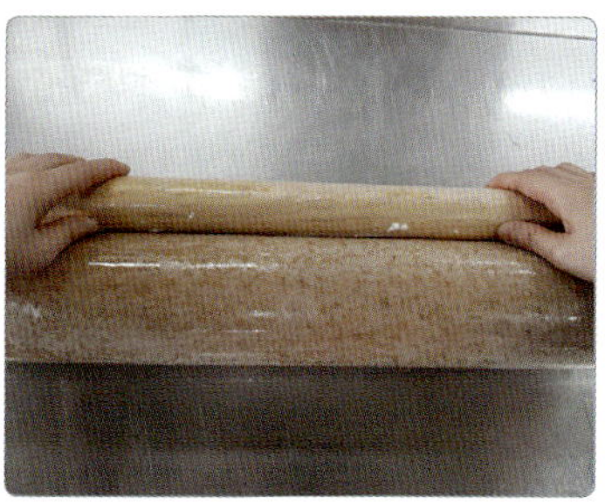

12. 말기가 끝난 모습

초코머핀
(초코컵 케이크)

 **1시간 50분**

초코머핀(초코컵 케이크)을 제조하여 제출하시오.

1. 배합표의 각 재료를 계량하여 재료별로 진열하시오(**11분**).

2. 반죽은 **크림법**으로 제조하시오.

3. 반죽 온도는 **24℃**를 표준으로 하시오.

4. 초코칩은 제품의 내부에 골고루 분포되게 하시오.

5. 반죽분할은 주어진 팬에 알맞은 양으로 반죽을 패닝하시오.

6. 반죽은 **전량**을 사용하여 분할하시오.

Point 달걀을 넣을 때 조금씩 넣으면서 반죽이 분리되지 않도록 주의한다.

배합표

재료	비율	무게
박력분	100%	500g
설탕	60%	300g
버터	60%	300g
달걀	60%	300g
소금	1%	5g
베이킹소다	0.4%	2g
베이킹파우더	1.6%	8g
코코아파우더	12%	60g
물	35%	175g
탈지분유	6%	30g
초코칩	36%	180g
계	372%	1860g

만드는 법

1. 스테인리스 볼에 버터를 넣는다.

2. 버터를 부드럽게 만든다.

3. 설탕과 소금을 넣는다.

4. 골고루 섞는다.

5. 달걀을 1~2개씩 넣고 크림화 시킨다.

6. 또다시 달걀을 넣고 크림화시 킨다.

7. 박력분, 베이킹파우더, 코코아파 우더, 탈지분유를 넣고 섞는다.

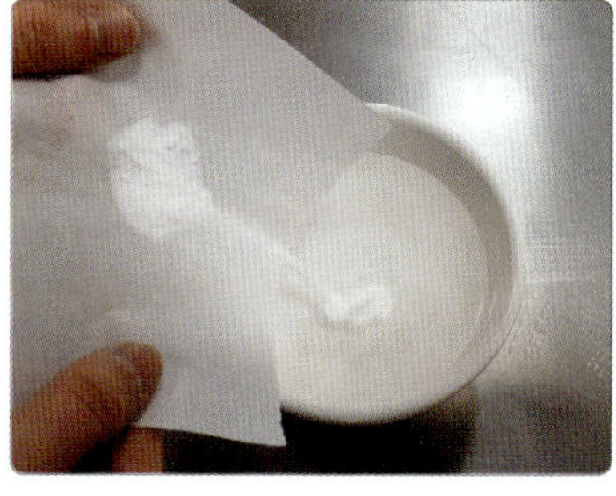

8. 베이킹소다를 물에 넣고 녹인다.

9. 녹인 베이킹소다를 넣는다.

10. 초코칩을 넣고 섞는다.

11. 짤주머니에 반죽을 담는다.

12. 패닝하여 윗불 180℃, 밑불 160℃, 30분 전후에서 굽는다.

버터스펀지 케이크
(별립법)

요구사항 🕐 **1시간 50분**

버터스펀지 케이크(별립법)를 제조하여 제출하시오.

1. 배합표의 각 재료를 계량하여 재료별로 진열하시오(**8분**).
2. 반죽은 **별립법**으로 제조하시오.
3. 반죽 온도는 **23℃**를 표준으로 하시오.
4. 반죽의 **비중**을 측정하시오.
5. 제시한 팬에 알맞도록 분할하시오.
6. 반죽은 **전량**을 사용하여 성형하시오.

Point 머랭은 중간 피크(80%) 상태가 가장 좋다.

배합표

재료	비율	무게
박력분	100%	600g
설탕(A)	60%	360g
설탕(B)	60%	360g
달걀	150%	900g
소금	1.5%	9g
베이킹파우더	1%	6g
바닐라 향	0.5%	3g
용해 버터	25%	150g
계	194%	2388g

만드는 법

1. 스테인리스 볼에 노른자를 풀어주고 설탕(A), 소금을 넣는다.

2. 색이 연해질 때까지 저어주며 노른자 반죽을 한다.

3. 믹싱 볼에 흰자를 넣는다.

4. 60% 정도 거품을 낸 후 설탕(B)를 넣는다.

5. 거품기를 들었을 때 ㄱ자 모양이 되면 좋은 머랭이다.

6. 2의 노른자 반죽에 머랭을 1/2 정도 넣는다.

7. 박력분, 베이킹파우더, 바닐라향을 넣고 섞는다.

8. 버터를 중탕으로 녹인다.

9. 녹인 버터에 소량의 반죽을 섞는다.

10. 섞은 반죽을 다시 반죽에 넣는다.

11. 나머지 머랭을 넣고 섞는다. 비중 0.45±0.05

12. 패닝하여 윗불 180℃, 밑불 150℃, 25분 전후에서 굽는다.

마카롱 쿠키

  **2시간 10분**

마카롱 쿠키를 제조하여 제출하시오.

1. 배합표의 각 재료를 계량하여 재료별로 진열하시오(5분).

2. 반죽은 **머랭**을 만들어 **수작업**하시오.

3. 반죽 온도는 **22℃**를 표준으로 하시오.

4. 원형 모양 깍지를 끼운 짤주머니를 사용하여 지름 **3cm**로 하시오.

5. 반죽은 **전량**을 사용하여 성형하고, 팬 **2개**에 나누어 구워서 제출하시오.

배합표

재료	비율	무게
아몬드 분말	100%	200g
분당	180%	360g
달걀흰자	80%	160g
설탕	20%	40g
바닐라 향	1%	2g
계	381%	762g

Point 반죽에 밀가루가 들어가지 않으므로 반죽을 오래하지 않는다.

만드는 법

1. 분당, 아몬드 분말, 바닐라 향을 섞어서 체에 내린다.

2. 스테인리스 볼에 흰자를 넣는다.

3. 60% 정도 거품을 올린다. (거품기를 들었을 때 흰자가 떨어지지 않는 상태)

4. 설탕을 2~3회 나누어 넣는다.

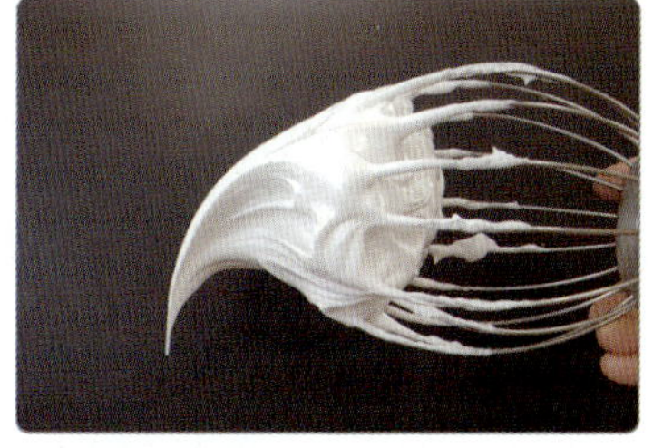

5. 거품기를 들었을 때 ㄱ자 모양이 되면 좋은 머랭이다.

6. 1에서 내린 가루 재료를 머랭에 넣는다.

7. 섞는다.

8. 반죽을 넓게 펴준다.

9. 반죽을 뭉쳐준다.

10. 반죽을 다시 넓게 펴준다. 최적의 반죽이 되도록 반복한다.

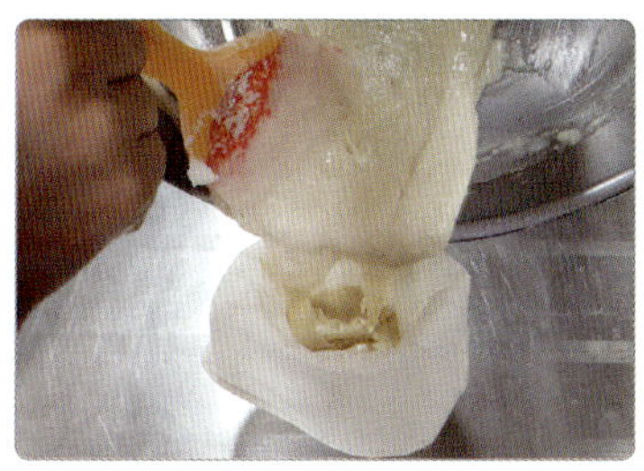

11. 원형 모양 깍지를 끼운 짤주머니에 반죽을 넣는다.

12. 테프론 시트를 깔고 짜준다. 실온에서 30분 정도 건조시킨 후 윗불 150℃, 밑불 130℃, 15분 전후에서 굽는다.

젤리롤 케이크

**요구
사항** 🕐 **1시간 30분**

젤리롤 케이크를 제조하여 제출하시오.

1. 배합표의 각 재료를 계량하여 재료별로 진열하시오(8분).

2. 반죽은 공립법으로 제조하시오.

3. 반죽 온도는 23℃를 표준으로 하시오.

4. 반죽의 비중을 측정하시오.

5. 제시한 팬에 알맞도록 분할하시오.

6. 반죽은 전량을 사용하여 성형하시오.

7. 캐러멜 색소를 이용하여 무늬를 완성하시오.

Point 물엿을 넣고 믹싱할 때 물엿이 가라앉지 않도록 잘 저어준다.

배합표

박력분	100%	400g
설탕	130%	520g
달걀	170%	680g
소금	2%	8g
물엿	8%	32g
베이킹파우더	0.5%	2g
우유	20%	80g
바닐라 향	1%	4g
계	431.5%	1726g

충전물

충전용 재료는 계량시간에서 제외

잼	50%	200g

1. 믹싱 볼에 달걀, 설탕, 소금, 물엿을 넣고 거품을 올린다.

2. 박력분, 베이킹파우더, 바닐라향을 넣고 섞은 후 우유를 넣는다.

3. 준비된 팬에 패닝한다.

4. 패닝한 모습(비중 0.55±0.05)

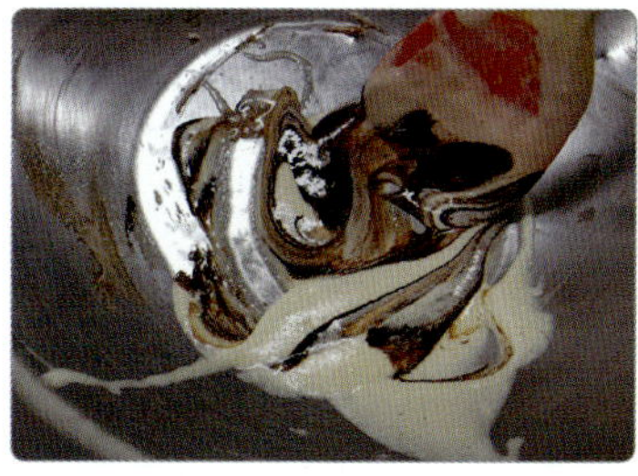

5. 소량의 반죽에 캐러멜 색소를 넣는다.

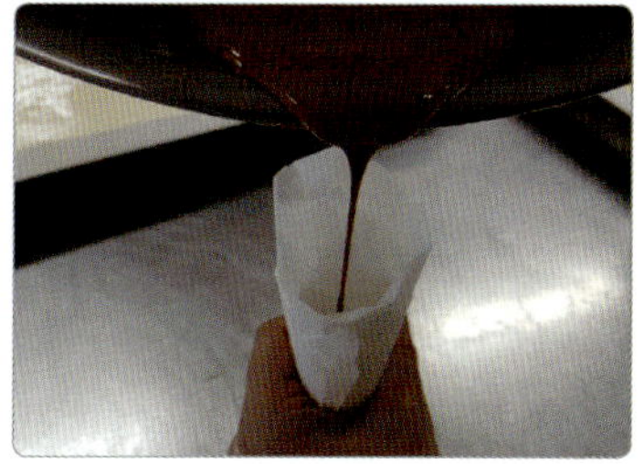

6. 짤주머니에 넣는다.

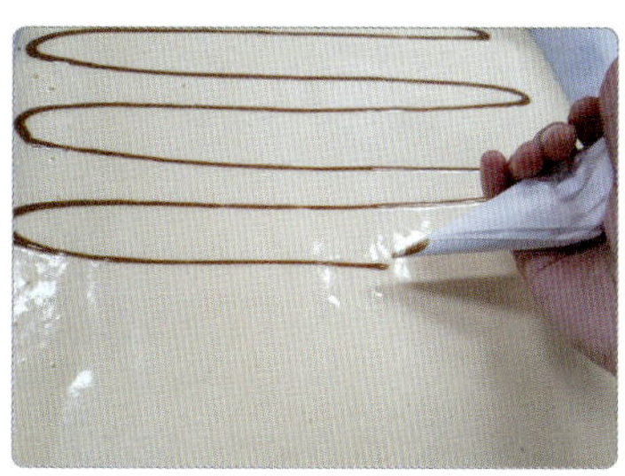

7. 패닝한 반죽에 일정한 간격으로 짜준다.

8. 나무젓가락으로 무늬를 만든다.

9. 윗불 180℃, 밑불 160℃, 30분 전후에서 굽기가 끝난 모습

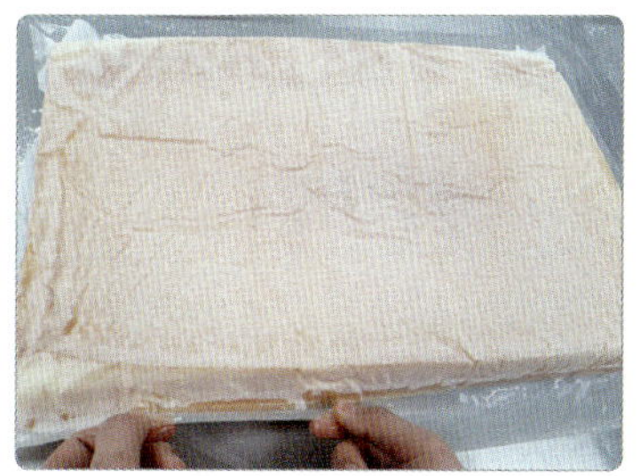

10. 철판에 위생지를 깔고 제품을 뒤집어서 위생지를 떼어낸다.

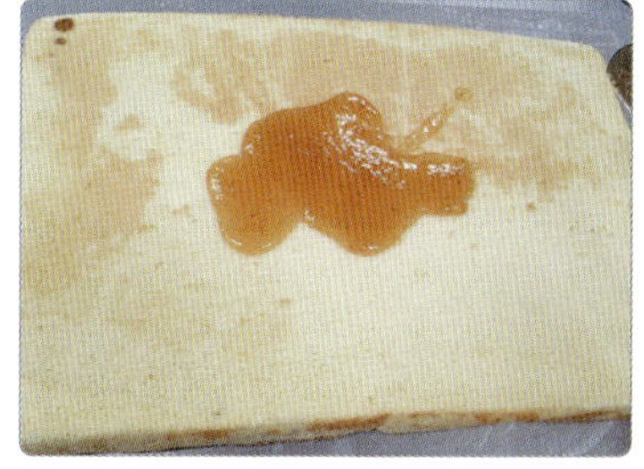

11. 잼을 바른다.

12. 밀대를 사용하여 말아준다.

소프트롤 케이크

  1시간 50분

소프트롤 케이크를 제조하여 제출하시오.

1. 배합표의 각 재료를 계량하여 재료별로 진열하시오(10분).
2. 반죽은 **별립법**으로 제조하시오.
3. 반죽 온도는 **22℃**를 표준으로 하시오.
4. 반죽의 **비중**을 측정하시오.
5. 제시한 팬에 알맞도록 분할하시오.
6. 반죽은 **전량**을 사용하여 성형하시오.
7. **캐러멜 색소**를 이용하여 무늬를 완성하시오.

Point 무늬가 없는 쪽으로 반죽을 말아야 하므로 반죽 표면의 2/3에만 무늬를 만드는 것이 좋다.

배합표

재료	비율	무게
박력분	100%	250g
설탕(A)	70%	175g
물엿	10%	25g
소금	1%	2.5g
물	20%	50g
바닐라 향	1%	2.5g
설탕(B)	60%	150g
달걀	280%	700g
베이킹파우더	1%	2.5g
식용유	50%	125g
계	593%	1482.5g

충전물

충전용 재료는 계량시간에서 제외

재료	비율	무게
잼	80%	200g

만드는 법

1. 스테인리스 볼에 노른자를 풀고 설탕(A), 소금, 물엿을 넣는다.

2. 옅은 색이 되면 물을 넣고 설탕을 녹여 노른자 반죽을 한다.

3. 믹싱 볼에 흰자를 넣고 거품을 올린다.

4. 60% 정도 거품을 낸 후 설탕(B)를 넣고 중간 피크까지 거품을 올린다.

5. 2의 노른자 반죽에 머랭을 1/2~1/3 정도 넣고 섞는다.

6. 박력분, 베이킹파우더, 바닐라향을 넣고 섞는다.

7. 식용유를 넣고 섞는다.

8. 나머지 머랭을 넣고 섞는다.
비중 0.45±0.05

9. 준비된 팬에 패닝한다.

10. 소량의 반죽에 캐러멜 색소를 섞어서 짤주머니에 넣고 짜준다.

11. 나무젓가락으로 무늬를 만든 후 윗불 180℃, 밑불 150℃, 25분 전후에서 굽는다.

12. 잼을 바르고 말아준다.

버터스펀지 케이크
(공립법)

 **1시간 50분**

버터스펀지 케이크(공립법)를 제조하여 제출하시오.

1. 배합표의 각 재료를 계량하여 재료별로 진열하시오(6분).
2. 반죽은 공립법으로 제조하시오.
3. 반죽 온도는 25℃를 표준으로 하시오.
4. 반죽의 비중을 측정하시오.
5. 제시한 팬에 알맞도록 분할하시오.
6. 반죽은 전량을 사용하여 성형하시오.

배합표

재료	비율	무게
박력분	100%	500g
설탕	120%	600g
달걀	180%	900g
소금	1%	5g
바닐라 향	0.5%	(2)g
버터	20%	100g
계	421.5%	2107g

Point 밑불이 높거나 패닝한 양이 많으면 윗면이 터지기 쉬우므로 주의한다.

만드는 법

1. 스테인리스 볼에 달걀을 넣고 풀어준다.

2. 소금, 설탕을 넣고 저어주면서 40℃ 전후까지 중탕한다.

3. 믹싱 볼에 넣고 거품을 올린다.

4. 거품을 충분히 올린다.

5. 거품기를 들었을 때 자국이 5초 이상 남아 있어야 한다.

6. 박력분, 바닐라 향을 넣는다.

7. 고무주걱으로 섞는다.

8. 버터를 중탕으로 녹인다.

9. 녹인 버터에 소량의 반죽을 넣는다.

10. 골고루 섞은 후 다시 반죽에 넣는다. 비중 0.55±0.05

11. 준비된 팬에 패닝한다.

12. 윗불 180℃, 밑불 160℃, 30분 전후에서 굽는다.

마드레느

🕐 **1시간 50분**

마드레느를 제조하여 제출하시오.

1. 배합표의 각 재료를 계량하여 재료별로 진열하시오(**7분**).

2. 마드레느는 **수작업**으로 하시오.

3. 버터를 녹여서 넣는 **1단계법(변형)** 반죽법을 사용하시오.

4. 반죽 온도는 **24℃**를 표준으로 하시오.

5. **실온**에서 **휴지**시키시오.

6. 제시된 팬에 알맞은 반죽량을 넣으시오.

7. 반죽은 **전량**을 사용하여 성형하시오.

배합표

박력분	100%	400g
베이킹파우더	2%	8g
설탕	100%	400g
달걀	100%	400g
레몬껍질	1%	4g
소금	0.5%	2g
버터	100%	400g
계	403.5%	1614g

Point 박력분과 베이킹파우더를 체로 거르면 밀가루에 공기가 들어가 제품에 안정감을 준다.

만드는 법

1. 스테인리스 볼에 버터를 중탕으로 녹인다.

2. 새 볼에 박력분, 설탕, 소금, 베이킹파우더를 넣는다.

3. 가루 재료를 섞는다.

4. 달걀을 풀어준다.

5. 푼 달걀을 **3**의 가루 재료에 넣고 섞는다.

6. 녹인 버터를 넣는다.

7. 골고루 섞는다.

8. 레몬껍질을 잘게 다진다.

9. 다진 레몬껍질을 넣는다.

10. 짤주머니에 반죽을 넣는다.

11. 마드레느 팬에 녹인 버터를 바르고 밀가루를 뿌린다.

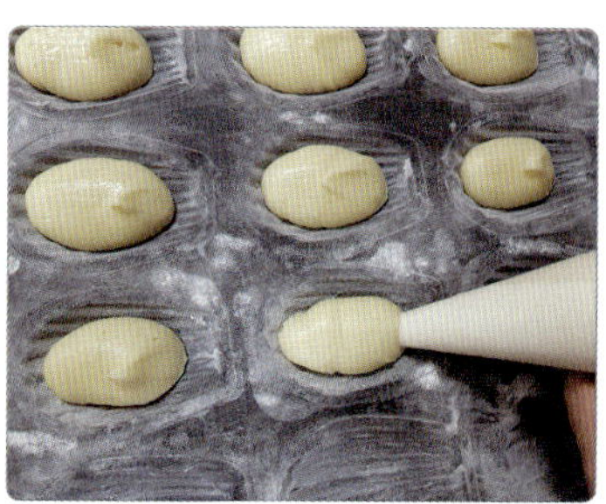

12. 패닝하여 윗불 190℃, 밑불 175℃, 20분 전후로 굽는다.

쇼트브레드 쿠키

  **2시간**

쇼트브레드 쿠키를 제조하여 제출하시오.

1. 배합표의 각 재료를 계량하여 재료별로 진열하시오(9분).
2. 반죽은 크림법으로 제조하시오.
3. 반죽 온도는 20℃를 표준으로 하시오.
4. 제시한 정형기를 사용하여 두께 0.7~0.8cm 정도로 정형하시오.
5. 반죽은 전량을 사용하여 성형하시오.
6. 달걀노른자 칠을 하여 무늬를 만드시오.

배합표

재료	비율	무게
박력분	100%	600g
버터	33%	198g
쇼트닝	33%	198g
설탕	35%	210g
소금	1%	6g
물엿	5%	30g
달걀	10%	60g
노른자	10%	60g
바닐라 향	0.5%	3g
계	227.5%	1365g

만드는 법

1. 스테인리스 볼에 버터와 쇼트닝을 부드럽게 풀어준다.

2. 설탕, 소금, 물엿을 넣는다.

3. 골고루 섞는다.

4. 노른자를 넣고 섞는다.

5. 달걀 1개를 넣는다.

6. 다시 섞는다.

7. 박력분과 바닐라 향을 넣고 섞는다.

8. 위생 팩에 반죽을 넣은 후 휴지시킨다.

9. 휴지시킨 반죽을 꺼내어 밀대로 밀어서 편다.

10. 주어진 정형기를 사용하여 모양을 찍어낸다.

11. 패닝 후 노른자 칠을 하고 포크로 모양을 낸다.

12. 윗불 200℃, 밑불 150℃, 20분 전후에서 굽기가 끝난 모습

슈

 🕐 **2시간**

슈를 제조하여 제출하시오.

1. 배합표의 껍질 재료를 계량하여 재료별로 진열하시오(5분).
2. 껍질 반죽은 수작업으로 하시오.
3. 반죽은 지름 3cm 전후의 원형으로 짜시오.
4. 커스터드 크림을 껍질에 넣어 제품을 완성하시오.
5. 반죽은 전량을 사용하여 성형하시오.

Point 호화시킬 때 타지 않도록 바닥을 빨리 저어준다.

배합표		
물	125%	325g
버터	100%	260g
소금	1%	(2)g
중력분	100%	260g
달걀	200%	520g
계	526%	1367g

충전물	충전용 재료는 계량시간에서 제외	
커스터드 크림	500%	1300g

만드는 법

1. 스테인리스 볼에 물, 버터, 소금 을 넣는다.

2. 물, 버터, 소금을 끓인다.

3. 끓기 시작하면 중력분을 넣는다.

4. 열심히 저어준다.

5. 한 손에 장갑을 끼고 호화가 될 때까지 다른 손으로 저어준다.

6. 호화가 끝나면 가스 불에서 내 려놓고, 달걀을 1개씩 넣으면서 저어준다.

7. 되직했던 반죽이 조금 질어진다.

8. 반죽 상태를 보고 달걀의 양을 조절한다.

9. 반죽이 줄줄 흐르다가 멈추면 좋은 상태이다.

10. 짤주머니에 반죽을 넣고 짜준다.

11. 성형이 끝난 모습

12. 윗불 200℃, 밑불 220℃, 25분 전후에서 구운 후, 슈에 구멍을 내어 커스터드 크림을 넣는다.

브라우니

  **1시간 50분**

브라우니를 제조하여 제출하시오.

1. 배합표의 각 재료를 계량하여 재료별로 진열하시오(**9분**).

2. 브라우니는 **수작업**으로 반죽하시오.

3. 버터와 초콜릿을 함께 녹여서 넣는 1단계 **변형반죽법**으로 하시오.

4. 반죽 온도는 **27℃**를 표준으로 하시오.

5. 반죽은 **전량**을 사용하여 성형하시오.

6. **3호** 원형 팬 **2개**에 패닝하시오.

7. 호두의 반은 **반죽**에, 나머지 반은 **토핑**하며, 반죽 속과 윗면에 골고루 분포되게 하시오(호두는 구워서 사용한다.).

배합표

재료	비율	무게
중력분	100%	300g
달걀	120%	360g
설탕	130%	390g
소금	2%	6g
버터	50%	150g
다크초콜릿(커버추어)	150%	450g
코코아파우더	10%	30g
바닐라 향	2%	6g
호두	50%	150g
계	614%	1842g

만드는법

1. 호두의 1/2을 오븐에 굽는다.

2. 중력분은 체를 쳐서 준비한다.

3. 다크초콜릿과 버터를 중탕으로 녹인다.

4. 달걀, 설탕, 소금을 섞어서 풀어준다.

5. 녹인 초콜릿과 버터에 넣는다.

6. 거품기로 골고루 섞는다.

7. 체를 친 중력분, 코코아파우더, 바닐라 향을 넣는다.

8. 거품기로 골고루 섞는다.

9. 묵직한 반죽이 만들어진다.

10. 구워 놓은 호두를 넣는다.

11. 준비된 팬에 패닝한다.

12. 굽지 않은 호두를 뿌리고 윗불 170℃, 밑불 150℃, 45분 전후에서 굽는다.

과일 케이크

 **2시간 30분**

과일 케이크를 제조하여 제출하시오.

1. 배합표의 각 재료를 계량하여 재료별로 진열하시오(13분).

2. 반죽은 **별립법**으로 제조하시오.

3. 반죽 온도는 **23℃**를 표준으로 하시오.

4. 제시한 팬에 알맞도록 분할하시오.

5. 반죽은 **전량**을 사용하여 성형하시오.

Point 과일 케이크는 충전된 과일이 제품에 고루 퍼져 있도록 만들어야 한다.

배합표

재료	비율	무게
박력분	100%	500g
설탕	90%	450g
마가린	55%	275g
달걀	100%	500g
우유	18%	90g
베이킹파우더	1%	5g
소금	1.5%	(8)g
건포도	15%	75g
체리	30%	150g
호두	20%	100g
오렌지필	13%	65g
럼주	16%	80g
바닐라 향	0.4%	2g
계	459.9%	2300g

만드는 법

1. 건포도, 체리, 호두, 오렌지필을 럼주에 전처리한다.

2. 달걀을 흰자와 노른자로 분리한다.

3. 마가린을 스테인리스 볼에 넣는다.

4. 거품기로 풀어준다.

5. 마요네즈 상태로 만든다.

6. 설탕 1/2과 소금을 넣고 크림화시킨다.

7. 설탕이 보이지 않을 때까지 충분히 크림화시킨다.

8. 노른자를 조금씩 넣으면서 크림화시킨다.

9. 노른자가 보이지 않을 때까지 섞다가 다시 노른자를 넣는다.

10. 전처리한 과일을 넣는다.

11. 골고루 섞는다.

12. 흰자를 믹싱 볼에 넣고 거품을 올린다.

13. 남은 설탕 1/2을 넣고 계속 거품을 올린다.

14. 거품기를 들었을 때 ㄱ자 모양이 되면 좋은 머랭이다.

15. 과일이 들어있는 볼에 머랭을 1/2~1/3 넣고 섞는다.

16. 우유를 넣는다.

17. 박력분, 바닐라 향은 체를 친다.

18. 체를 친 가루 재료를 넣는다.

19. 골고루 섞는다.

20. 남은 머랭을 2~3회 나누어 넣고 섞는다.

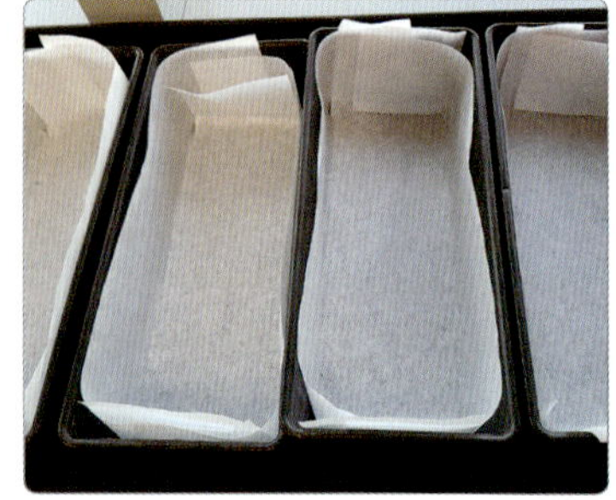

21. 파운드 팬에 미리 위생지를 깔아놓는다.

22. 준비된 팬에 패닝한다.

23. 고무주걱을 사용하여 가운데를 U형으로 만든다.

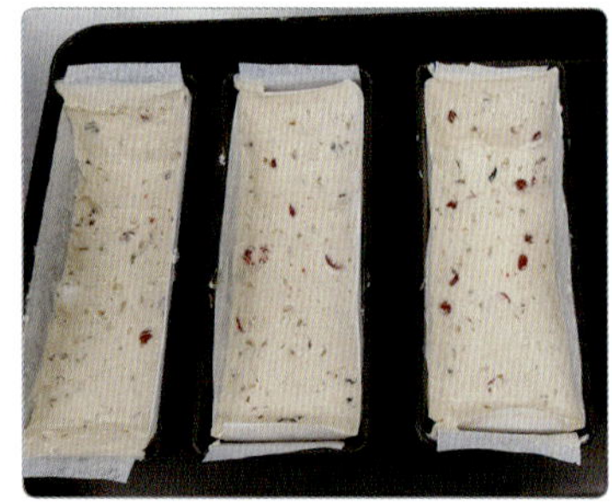

24. 윗불 175℃, 밑불 150℃, 45분 전후에서 굽는다.

케이크는 버터, 마가린, 우유, 생크림, 설탕, 밀가루, 베이킹파우더, 달걀을 적절하게 섞어서 반죽한 후 틀에 넣어 구워낸 과자이다.

슈나 타르틀레트와 같은 소형 과자에서부터 대형 과자나 뷔슈드 노엘과 같은 행사용 과자를 모두 포함한다.

또한 과일 케이크는 여러 가지 과일이 혼합된 프루트 케이크를 일컫는 명칭이기도 하다.

파운드 케이크

  **2시간 30분**

파운드 케이크를 제조하여 제출하시오.

1. 배합표의 각 재료를 계량하여 재료별로 진열하시오(11분).
2. 반죽은 크림법으로 제조하시오.
3. 반죽 온도는 23℃를 표준으로 하시오.
4. 반죽의 비중을 측정하시오.
5. 윗면을 터뜨리는 제품을 만드시오.
6. 반죽은 전량을 사용하여 성형하시오.

Point 파운드 케이크의 윗면을 자를 때 좌우 대칭이 되도록
식용유를 묻힌 스패튤라로 가운데를 자른다.

배합표

재료	비율	무게
박력분	100%	800g
설탕	80%	640g
버터	60%	480g
쇼트닝	20%	160g
유화제	2%	16g
소금	1%	8g
물	20%	160g
탈지분유	2%	16g
바닐라 향	0.5%	4g
B.P	2%	16g
달걀	80%	640g
계	367.5%	2940g

1. 믹싱 볼에 버터와 쇼트닝을 넣고 부드럽게 풀어준다.

2. 설탕, 소금, 유화제를 넣는다.

3. 달걀을 1~2개씩 넣으면서 믹싱을 한다.

4. 박력분, 바닐라 향, 탈지분유, 베이킹파우더를 넣는다.

5. 가루 재료가 보이지 않을 때까지 섞는다.

6. 물을 넣고 섞는다.

7. 파운드 팬에 패닝하여 U형으로 만든다(비중 0.80±0.05).

8. 윗불 230℃, 밑불 180℃, 25분 전후에서 굽는다.

9. 스패튜라에 식용유를 묻힌다.

10. 갈색이 된 윗면의 가운데를 가른다.

11. 파운드 팬보다 높이가 높은 식빵 팬을 받침대 삼아 파운드 팬 가운데에 놓는다.

12. 뚜껑을 덮고 윗불 180℃, 밑불 180℃, 35분 전후에서 굽는다.

다쿠와즈

 **요구사항** 🕐 **1시간 50분**

다쿠와즈를 제조하여 제출하시오.

1. 배합표의 각 재료를 계량하여 재료별로 진열하시오(**5분**).

2. **머랭**을 사용하는 반죽을 만드시오.

3. 표피가 갈라지는 다쿠와즈를 만드시오.

4. 다쿠와즈 **2개**를 크림으로 샌드하여 **1조**의 제품으로 완성하시오.

5. 반죽은 **전량**을 사용하여 성형하시오.

배합표

재료	비율	무게
달걀흰자	100%	330g
설탕	30%	99g
아몬드 분말	60%	198g
분당	50%	165g
박력분	16%	52.8g
계	256%	844.8g

충전물

충전용 재료는 계량시간에서 제외

재료	비율	무게
샌드용 크림	66%	217.8g

1. 흰자와 노른자를 분리한다.

2. 흰자만 스테인리스 볼에 담는다.

3. 거품기로 거품을 올린다.

4. 설탕을 2~3회에 나누어 저어 준다.

5. 중간 피크까지 거품을 올린다.

6. 아몬드 분말, 박력분, 분당은 체를 쳐서 넣는다.

7. 최적의 상태까지 섞는다.

8. 짤주머니에 반죽을 넣은 후 짜 준다.

9. 스크레이퍼를 사용하여 매끈하게 만든다.

10. 다쿠와즈가 매끈하게 된 모습

11. 다쿠와즈 틀을 빼낸다.

12. 분당을 뿌리고 윗불 185℃, 밑불 175℃, 20분 전후에서 구워, 크림으로 2개를 샌드한다.

요구사항 · 2시간 20분

타르트를 제조하여 제출하시오.

1. 배합표 반죽재료를 계량하여 재료별로 진열하시오(5분). (충전물 · 토핑 등의 재료는 휴지시간을 활용한다.)

2. 반죽은 크림법으로 제조하시오.

3. 반죽 온도는 20℃를 표준으로 하시오.

4. 반죽은 냉장고에서 20~30분 정도 휴지시키시오.

5. 반죽은 두께 3mm 정도 밀어펴서 팬에 맞게 성형하시오.

6. 아몬드 크림을 제조해 팬(ϕ10~12cm) 용적의 60~70% 정도 충전하시오.

7. 아몬드 슬라이스를 윗면에 고르게 장식하시오.

8. 8개를 성형하시오.

9. 광택제로 제품을 완성하시오.

배합표(반죽)		
박력분	100%	400g
달걀	25%	100g
설탕	26%	104g
버터	40%	160g
소금	0.5%	2g
계	191.5%	766g

충전물	계량시간에서 제외	
아몬드 분말	100%	250g
설탕	90%	225g
버터	100%	250g
달걀	65%	162.5g
브랜디	12%	30g
계	367%	917.5g

광택제 및 토핑	계량시간에서 제외	
에프리코트혼당	100%	150g
물	40%	60g
계	140%	210g
아몬드 슬라이스	66.6%	100g

만드는 법

1. 버터를 부드럽게 만든 후 설탕, 소금, 달걀을 넣고 크림화시킨다.

2. 박력분을 넣고 섞는다.

3. 냉장 휴지시킨다.

4. 반죽을 밀어서 펴고 타르트 틀에 깔아준다.

5. 충전물을 짜주고 아몬드 슬라이스를 뿌려 윗불 185℃, 밑불 230℃, 30분 전후에서 굽는다.

6. 에프리코트혼당과 물을 끓여서 윗면에 바른다.

충전물

1. 충전용 버터를 부드럽게 만든 후 설탕을 넣는다.

2. 달걀을 1개씩 넣으면서 크림화시킨다.

3. 아몬드 분말을 넣는다.

4. 브랜디를 넣는다.

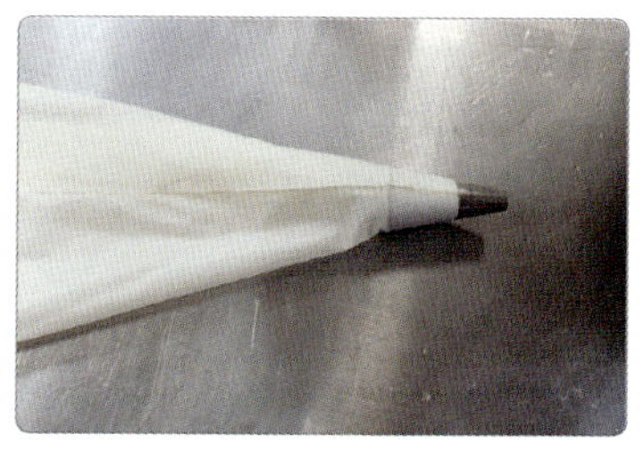

5. 짤주머니에 모양 깍지를 끼운다.

6. 짤주머니에 충전물을 넣는다.

사과 파이

 2시간 30분

사과 파이를 제조하여 제출하시오.

1. 껍질 재료를 계량하여 재료별로 진열하시오(6분).

2. 껍질에 결이 있는 제품으로 제조하시오.

3. 충전물은 개인별로 각자 제조하시오.

4. 제시한 팬에 맞게 윗껍질이 있는 파이로 만드시오.

5. 반죽은 전량을 사용하여 성형하시오.

배합표(껍질)		
중력분	100%	400g
설탕	3%	12g
소금	1.5%	6g
쇼트닝	55%	220g
탈지분유	2%	8g
물	35%	140g
계	196.5%	786g

충전물	충전용 재료는 계량시간에서 제외	
사과	100%	900g
설탕	18%	162g
소금	0.5%	4.5g
계피가루	1%	9g
옥수수 전분	8%	72g
물	50%	450g
버터	2%	18g
계	179.5%	1615.5g

만드는 법

1. 작업대 위에 중력분, 탈지분유, 쇼트닝을 놓는다.

2. 콩알 크기로 만든 후 설탕과 소금을 물에 녹여 붓는다.

3. 한 덩어리가 되도록 반죽한다.

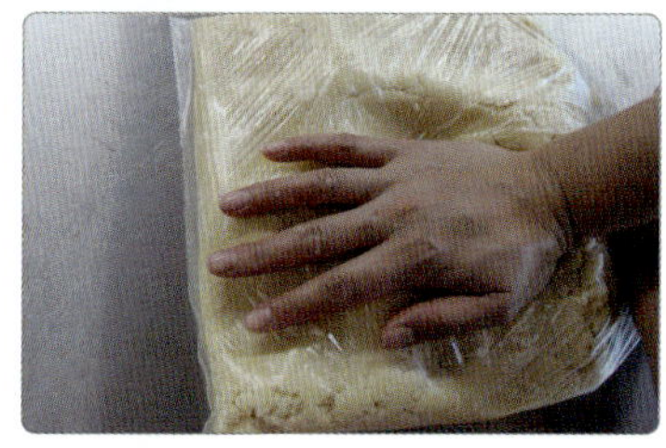

4. 반죽을 위생 팩에 넣어서 냉장 휴지시킨다.

5. 냉장 휴지시킨 반죽을 꺼내고 밀어서 편다.

6. 반죽을 틀에 깔아준다.

7. 사과를 충전한다.

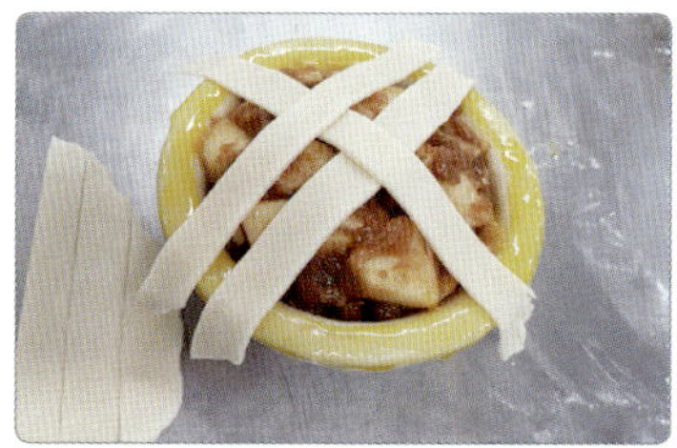

8. 밀어 펴서 자른 반죽으로 윗면을 장식한다.

9. 노른자를 골고루 바른 후 윗불 195℃, 밑불 230℃, 30분 전후에서 굽는다.

충전물

1. 사과를 뺀 모든 충전물 재료를 넣고 끓인다.

2. 잘게 썬 사과를 넣는다.

3. 골고루 섞는다.

퍼프 페이스트리

🕐 **3시간 30분**

퍼프 페이스트리를 제조하여 제출하시오.

1. 배합표의 각 재료를 계량하여 재료별로 진열하시오(**6분**).

2. 반죽은 **스트레이트법**으로 제조하시오.

3. 반죽 온도는 **20℃**를 표준으로 하시오.

4. 접기와 밀어 펴기는 **3겹** 접기 **4회**로 하시오.

5. **정형**은 감독위원의 지시에 따라 하고 평철판을 사용하여
   굽기를 하시오.

6. 반죽은 **전량**을 사용하여 성형하시오.

배합표

재료	비율	무게
강력분	100%	800g
달걀	15%	120g
마가린	10%	80g
소금	1%	8g
찬물	50%	400g
충전용 마가린	90%	720g
계	266%	2128g

Point 반죽과 충전용 마가린의 되기가 같아야 밀어 펼
때 일정 간격이 유지된다.

만드는 법

1. 충전용 마가린을 부드럽게 만든 후 비닐로 감싼다.

2. 사각형으로 만든다.

3. 최종 단계까지 반죽하여 냉장 휴지시킨 반죽을 밀어 펴고, 충전용 마가린을 올린다.

4. 충전용 마가린을 반죽으로 감싼다.

5. 터지지 않도록 꼭꼭 감싼다.

6. 밀어서 편다.

7. 밀어서 편 모습

8. 3겹으로 접는다.

9. 3겹 접기를 4회(3×3×3×3)한다. 이때 2회 후 15분간 휴지시킨다.

10. 마지막으로 밀어서 펼 때는 두께를 1.2cm로 한다.

11. 가로 4cm, 세로 12cm로 자른다.

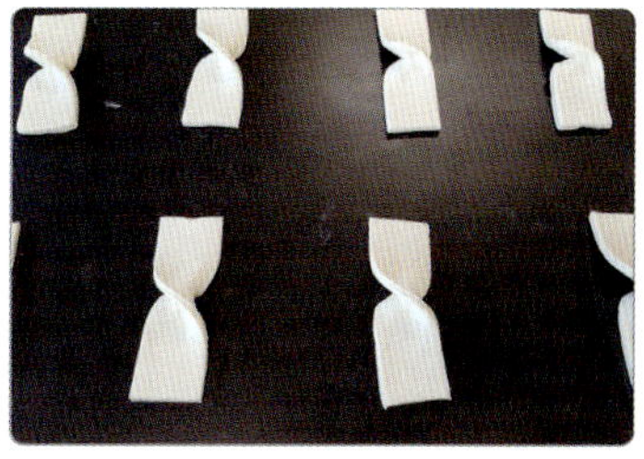

12. 반죽을 비틀어 철판에 패닝하고 윗불 210℃, 밑불 230℃, 25분 전후에서 굽는다.

시퐁 케이크
(시퐁법)

 1시간 40분

시퐁 케이크(시퐁법)를 제조하여 제출하시오.

1. 배합표의 각 재료를 계량하여 재료별로 진열하시오(8분).

2. 반죽은 시퐁법으로 제조하고 비중을 측정하시오.

3. 반죽 온도는 23℃를 표준으로 하시오.

4. 비중을 측정하시오.

5. 시퐁 팬을 사용하여 반죽을 분할하고 굽기하시오.

6. 반죽은 전량 사용하여 성형하시오.

배합표

재료	비율	무게
박력분	100%	400g
설탕(A)	65%	260g
설탕(B)	65%	260g
달걀	150%	600g
소금	1.5%	6g
베이킹파우더	2.5%	10g
식용유	40%	160g
물	30%	120g
계	454%	1816g

만드는 법

1. 스테인리스 볼에 노른자를 풀고 설탕(A)와 소금을 넣는다.

2. 물을 넣는다.

3. 박력분, 베이킹파우더를 넣는다.

4. 골고루 섞는다.

5. 식용유를 넣고 저어 노른자 반죽을 한다.

6. 믹싱 볼에 흰자를 넣고 60% 정도 거품을 올린다.

7. 설탕(B)를 넣는다.

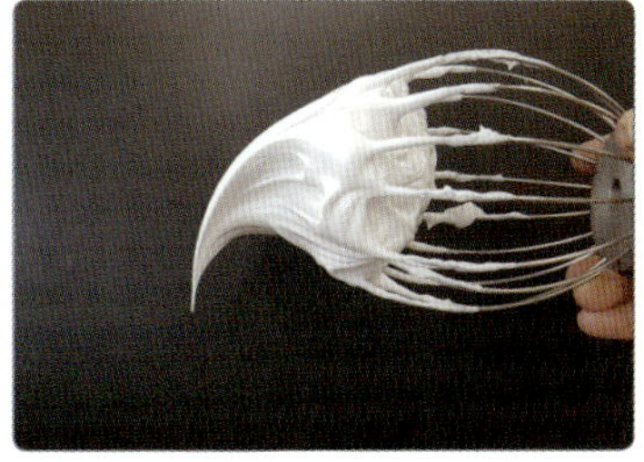

8. 거품기를 들었을 때 ㄱ자 모양이 되면 좋은 머랭이다.

9. 머랭 1/2을 5의 노른자 반죽에 넣는다.

10. 나머지 머랭을 2~3회 나누어 넣으면서 섞는다.

11. 섞은 모습(비중 0.45±0.05)

12. 시퐁 팬에 패닝하여 윗불 180℃, 밑불 160℃, 30분 전후에서 굽는다.

밤과자

3시간

밤과자를 제조하여 제출하시오.

1. 배합표의 각 재료를 계량하여 재료별로 진열하시오(**8분**).

2. 반죽은 중탕하여 냉각시킨 후 반죽 온도는 **20℃**를 표준으로 하시오.

3. 반죽 분할은 **20g**씩 하고, 앙금은 **45g**으로 충전하시오.

4. 제품 성형은 **밤 모양**으로 하고 윗면은 **달걀노른자**와 **캐러멜 색소**를 이용하여 광택제를 칠하시오.

5. 반죽은 **전량**을 사용하여 성형하시오.

Point 밤과자에 참깨를 묻힌 후 노른자를 바를 때 둥근 부분에서 뾰족한 부분을 향하여 바른다.

배합표

배합표		
박력분	100%	300g
달걀	45%	135g
설탕	60%	180g
물엿	6%	18g
연유	6%	18g
베이킹파우더	2%	6g
버터	5%	15g
소금	1%	3g
계	225%	675g

충전물

충전용 재료는 계량시간에서 제외

충전물		
흰앙금	525%	1575g
참깨	13%	39g

만드는 법

1. 스테인리스 볼에 달걀을 풀어 준다.

2. 설탕, 물엿, 연유, 버터, 소금을 넣고 중탕으로 녹인다.

3. 녹인 후 20℃가 될 때까지 냉각시킨다.

4. 박력분과 베이킹파우더를 넣는다.

5. 나무주걱으로 섞는다.

6. 박력분이 보이지 않을 때까지 섞어서 한 덩어리로 만든다.

7. 반죽을 위생 팩에 넣어서 냉장 휴지시킨다.

8. 덧가루로 반죽의 되기를 맞추고 20g씩 분할한다.

9. 헤라를 사용하여 반죽에 흰앙금 45g을 포앙한다.

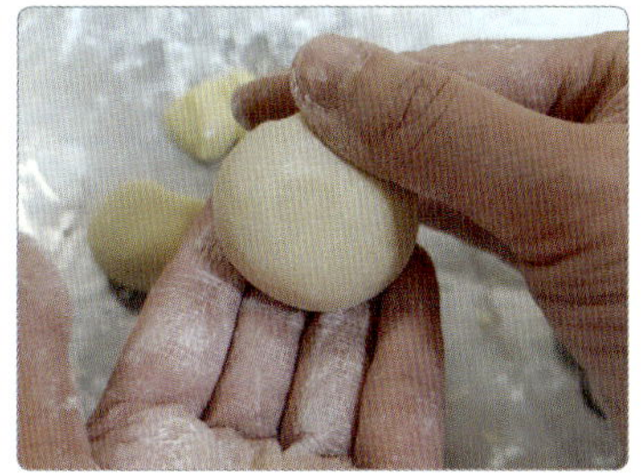

10. 밤 모양으로 성형한 후 둥근 부분에 1/4만 물을 묻히고 참깨를 묻힌다.

11. 패닝한 후 분무기로 물을 뿌려 덧가루를 제거하고 터짐을 방지한다.

12. 노른자와 캐러멜 색소를 혼합하여 바르고 윗불 190℃, 밑불 150℃, 25분 전후에서 굽는다.

마데라⑦ 케이크

  **2시간**

마데라(컵) 케이크를 제조하여 제출하시오.

1. 배합표의 각 재료를 계량하여 재료별로 진열하시오(9분).
2. 반죽은 크림법으로 제조하시오.
3. 반죽 온도는 24℃를 표준으로 하시오.
4. 반죽 분할은 주어진 팬에 알맞은 양을 패닝하시오.
5. 적포도주 퐁당을 1회 바르시오.
6. 반죽은 전량을 사용하여 성형하시오.

Point 적포도주 퐁당을 너무 많이 발라 흘러내리면 감점이 될 수 있으므로 주의한다.

배합표

재료	비율	무게
박력분	100%	400g
버터	85%	340g
설탕	80%	320g
소금	1%	4g
달걀	85%	340g
베이킹파우더	2.5%	10g
건포도	25%	100g
호두	10%	40g
적포도주	30%	120g
계	418.5%	1674g

충전물

충전용 재료는 계량시간에서 제외

재료	비율	무게
분당	20%	80g
적포도주	5%	20g

만드는 법

1. 버터를 부드럽게 만들고 설탕과 소금을 넣어 크림화시킨 후 달걀을 1개씩 넣는다.

2. 호두와 건포도를 전처리하여 넣는다.

3. 박력분과 베이킹파우더를 넣는다.

4. 고무주걱으로 골고루 섞는다.

5. 박력분이 보이지 않을 때까지 섞는다.

6. 적포도주를 넣고 섞는다.

7. 짤주머니에 반죽을 넣는다.

8. 준비된 팬에 패닝하여 윗불 180℃, 밑불 160℃, 35분 전후에서 굽는다.

9. 90% 정도 구워졌을 때 적포도주 퐁당을 바른 후 5분 정도 더 굽는다.

적포도주 퐁당

1. 적포도주와 분당을 20:80으로 계량한다.

2. 붓으로 섞는다.

3. 골고루 섞인 모습

버터쿠키

요구 사항 🕐 **2시간**

버터 쿠키를 제조하여 제출하시오.

1. 배합표의 각 재료를 계량하여 재료별로 진열하시오(**6분**).
2. 반죽은 **크림법**으로 **수작업**하시오.
3. 반죽 온도는 **22℃**를 표준으로 하시오.
4. 별 모양 깍지를 끼운 짤주머니를 사용하여 **2가지** 모양짜기를 하시오(**8자**, **장미 모양**).
5. 반죽은 **전량**을 사용하여 성형하시오.

배합표

재료	비율	무게
박력분	100%	400g
버터	70%	280g
설탕	50%	200g
소금	1%	4g
달걀	30%	120g
바닐라 향	0.5%	2g
계	251.5%	1006g

Point 짤주머니에 반죽을 넣어 짤 때는 양을 조금만 넣어 중앙을 잡고 성형한다.

만드는 법

1. 스테인리스 볼에 버터를 넣는다.

2. 버터를 부드럽게 만든다.

3. 설탕과 소금을 넣고 거품기로 저어준다.

4. 달걀을 1개 넣는다.

5. 거품기로 다시 크림화시킨다.

6. 달걀을 1개 더 넣는다.

7. 더 많이 크림화시킨다.

8. 박력분과 바닐라 향은 체를 친다.

9. 체를 친 가루 재료를 넣고 나무 주걱으로 섞는다.

10. 짤주머니에 별 모양 깍지를 끼우고 반죽을 넣는다.

11. 장미 모양을 짜는 모습

12. 8자 모양을 짜는 모습. 윗불 200℃, 밑불 150℃, 20분 전후에서 굽는다.

치즈 케이크

 🕐 **2시간 30분**

치즈 케이크를 제조하여 제출하시오.

1. 배합표의 각 재료를 계량하여 재료별로 진열하시오(**9분**).
2. 반죽은 **별립법**으로 제조하시오.
3. 반죽 온도는 **20℃**를 표준으로 하시오.
4. 반죽의 **비중**을 측정하시오.
5. 제시한 팬에 알맞도록 분할하시오.
6. 굽기는 **중탕**으로 하시오.
7. 반죽은 **전량**을 사용하시오.

배합표

재료	비율	무게
중력분	100%	80g
버터	100%	80g
설탕(A)	100%	80g
설탕(B)	100%	80g
달걀	300%	240g
크림치즈	500%	400g
우유	162.5%	130g
럼주	12.5%	10g
레몬주스	25%	20g
계	1400%	1120g

만드는 법

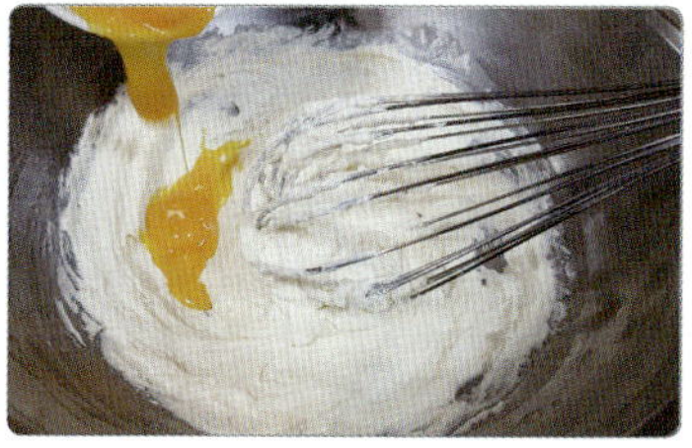

1. 크림치즈와 버터를 부드럽게 만든 후 설탕(A)와 노른자를 넣고 크림화시킨다.

2. 우유, 럼주, 레몬주스를 넣고 노른자 반죽을 한다.

3. 스테인리스 볼에 흰자를 넣고 거품을 올린다.

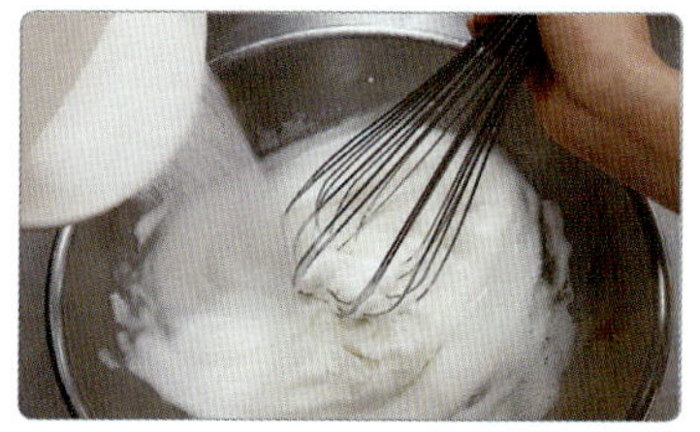

4. 60% 정도 거품을 올린 후 설탕(B)를 넣어 머랭을 만든다.

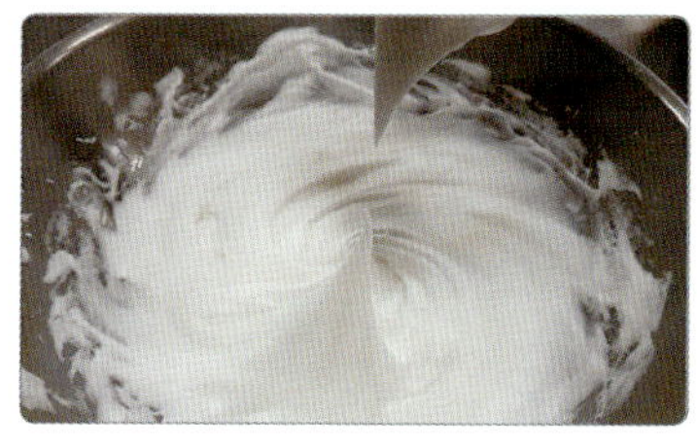

5. 중간 피크까지 거품을 올린다.

6. 2의 노른자 반죽에 머랭 1/2을 넣는다.

7. 중력분을 넣는다.

8. 나머지 머랭을 넣고 섞는다. 비중 0.75±0.05

9. 준비된 팬에 패닝하여 윗불 165℃, 밑불 160℃, 40분 전후에서 중탕으로 굽는다.

팬 준비

1. 치즈 케이크 틀에 녹인 버터를 바른다.

2. 설탕을 묻힌다.

3. 설탕을 털어낸다.

호두 파이

2시간 30분

호두 파이를 제조하여 제출하시오.

1. 껍질 재료를 계량하여 재료별로 진열하시오(7분).

2. 껍질에 결이 있는 제품으로 제조하시오(손 반죽).

3. 껍질 휴지는 냉장온도에서 실시하시오.

4. 충전물은 개인별로 제조하시오(호두는 구워서 사용).

5. 구운 후 충전물의 층이 선명하도록 제조하시오.

6. 제시한 팬에 맞는 껍질을 제조하시오.

7. 반죽은 전량을 사용하여 성형하시오.

배합표

중력분	100%	400g
노른자	10%	40g
소금	1.5%	6g
설탕	3%	12g
생크림	12%	48g
버터	40%	160g
냉수	25%	100g
계	191.5%	766g

충전물 충전용 재료는 계량시간에서 제외

호두	100%	250g
설탕	100%	250g
물엿	100%	250g
계피가루	1%	2.5g
물	40%	100g
달걀	240%	600g
계	581%	1452.5g

만드는 법

1. 냉수에 설탕과 소금을 넣고 녹인다.

2. 작업대 위에 버터와 중력분을 올린다.

3. 잘게 만든 반죽에 녹인 설탕과 소금을 넣고 생크림을 넣는다.

4. 노른자를 넣는다.

5. 중력분이 보이지 않을 때까지 섞는다.

6. 한 덩어리로 만든다.

7. 반죽을 위생 팩에 넣어서 냉장 휴지시킨다.

8. 냉장 휴지시킨 반죽을 꺼내고 밀어서 편다.

9. 사과 파이 팬에 깔아준다.

10. 옆면의 반죽을 잘라낸다.

11. 손가락으로 모양을 낸다.

12. 주름 틀을 사용할 때는 모양을 내지 않아도 된다.

13. 호두를 담는다.

14. 충전물을 채운다.

15. 포크로 호두를 눌러주고 윗불 185℃, 밑불 220℃, 30분 전 후에서 굽는다.

호두 충전물

1. 호두를 오븐에서 굽는다.

2. 스테인리스 볼에 달걀을 넣는다.

3. 거품이 생기지 않도록 달걀을 풀어준다.

4. 설탕과 물엿을 넣는다.

5. 물을 넣는다.

6. 계피가루를 넣는다.

7. 중탕하면서 골고루 섞는다.

8. 체를 사용하여 거른다.

9. 위생지를 볼 크기로 자른 후 덮고 20~30분 휴지시킨다.

동의보감에서

"호두는 수축하는 재료이니 능히 폐의 기운을 모으고 폐기(肺氣)와 해수 천식을 다스리며, 신장을 보(補)하고 요통을 고친다. 핵의 속이 호두 살이 되니 끓는 물에 담가서 법제하여 사용한다."
라고 쓰여 있다.

Point

호두에는
리놀렌산과 같은
양질의 지방과 단백질을
갖고 있으며 비타민 B1, B2,
칼슘이 풍부하여 변비, 고혈압,
동맥경화에 효능이 있다고
알려져 있다.

수험자 유의 사항

- 항목별 배점은 제조공정 60점, 제품평가 40점입니다.

- 시험시간은 재료 계량시간이 포함된 시간입니다.

- 안전사고가 없도록 유의합니다.

- 제품의 위생과 수험자의 안전을 위하여 위생기준에 적합하지 않을 경우 득점상의 불이익이 발생할 수 있습니다.

- 의문 사항은 시험위원(본부요원, 감독위원)에 문의하고, 그 지시에 따릅니다.

- 다음과 같은 경우에는 채점대상에서 제외됩니다.

  미완성 : 시험시간 내에 작품을 제출하지 못한 경우

  기   권 : 수험자 본인이 수험 도중 기권한 경우

  실   격 : 작품의 가치가 없을 정도로 타거나 익지 않은 경우
  　　　　　주요 요구사항(수량, 모양, 반죽제조법)을 준수하지 않았을 경우
  　　　　　지급된 재료 이외의 재료를 사용한 경우
  　　　　　시험 중 시설·장비의 조작 또는 재료의 취급이 미숙하여 위해를
  　　　　　일으킬 것으로 감독위원 전원이 합의하여 판단한 경우

제빵기능사 출제 과제

- 빵도넛
- 식빵(비상스트레이트법)
- 브리오슈
- 밤식빵
- 통밀빵
- 우유식빵
- 단과자빵(트위스트형)
- 풀만식빵
- 더치빵
- 페이스트리 식빵
- 옥수수식빵
- 모카빵
- 쌀식빵
- 소시지빵
- 단팥빵(비상스트레이트법)
- 그리시니
- 베이글
- 스위트롤
- 불란서빵
- 단과자빵(크림빵)
- 단과자빵(소보로빵)
- 호밀빵
- 버터톱 식빵
- 데니시 페이스트리
- 버터롤

빵도넛

3시간

빵도넛을 제조하여 제출하시오.

1. 배합표의 각 재료를 계량하여 재료별로 진열하시오(**12분**).
2. 반죽을 **스트레이트법**으로 제조하시오.
   (단, 유지는 **클린업 단계**에서 첨가하시오.)
3. 반죽 온도는 **27℃**를 표준으로 하시오.
4. 분할 무게는 **45g**씩으로 하시오.
5. 모양은 **8자형** 또는 **트위스트형(꽈배기형)**으로 만드시오.
   (단, 감독위원이 지정하는 모양으로 변경할 수 있다.)
6. 반죽은 **전량**을 사용하여 성형하시오.

Point 도넛을 튀길 때 여러 번 뒤집지 않도록 주의한다.

배합표

재료	비율	무게
강력분	80%	880g
박력분	20%	220g
설탕	10%	110g
쇼트닝	12%	132g
소금	1.5%	16.5g
분유	3%	33g
이스트	5%	55g
제빵개량제	1%	11g
바닐라 향	0.2%	2.2g
달걀	15%	165g
물	46%	506g
넛메그	0.3%	3.3g
계	194%	2134g

만드는 법

1. 1차 발효 후 반죽을 45g씩 분할하고 중간 발효시킨다.

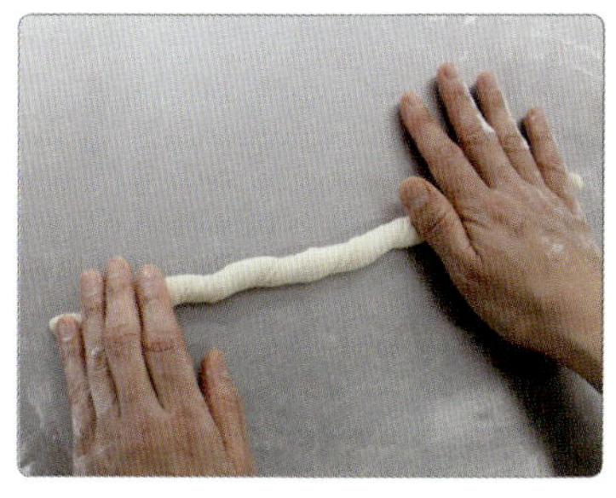

2. 길게 밀어서 편다.

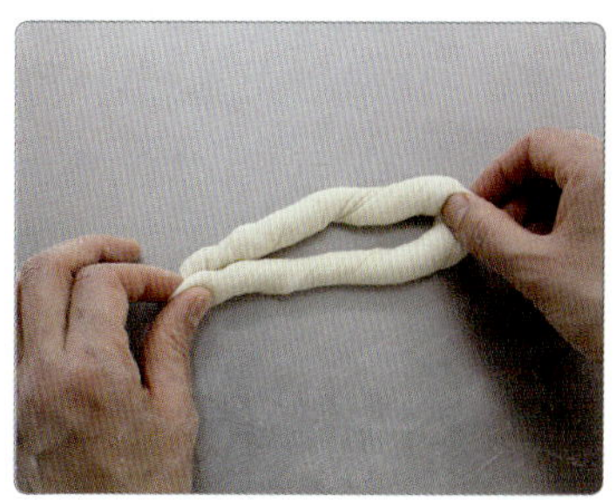

3. 반죽을 비틀어준다.

4. 꽈배기 모양을 만든다.

5. 2차 발효 모습

6. 180℃ 전후의 기름에 튀긴다.

7. 튀긴 도넛에 설탕을 묻힌다.
꽈배기형 완성

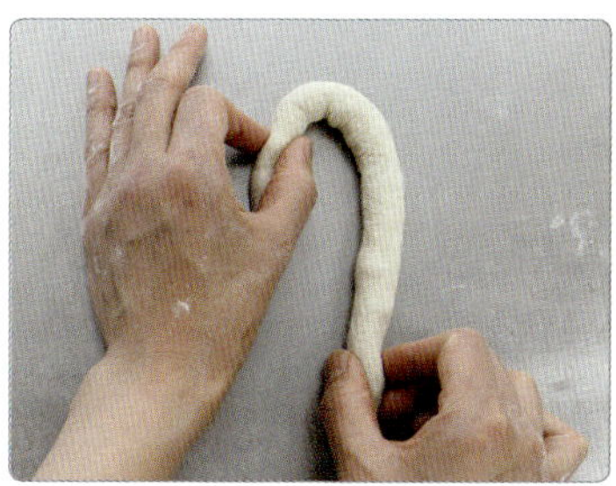

8. 밀어서 펴고 7자 모양을 만든다.

9. 반죽을 서로 엇갈리게 만든 후 8자 모양을 만든다.

10. 2차 발효 모습

11. 180℃ 전후의 기름에 튀긴다.

12. 튀긴 도넛에 설탕을 묻힌다.
8자형 완성

요구사항

🕐 **4시간**

소시지빵을 제조하여 제출하시오.

1. 반죽 재료를 계량하여 재료별로 진열하시오(**10분**).
   (토핑 및 충전물 재료 계량은 휴지시간을 활용하시오.)

2. 반죽은 **스트레이트법**으로 제조하시오.

3. 반죽 온도는 **27℃**를 표준으로 하시오.

4. 반죽 분할 무게는 **70g**씩 분할하시오.

5. 반죽은 **전량** 사용하여 분할하고, 완제품(토핑 및 충전물 완성)은 **18개** 제조하여 제출하시오.

6. 충전물은 발효시간을 활용하여 제조하시오.

7. 정형 모양은 **낙엽 모양**과 **꽃잎 모양**의 **2가지**로 만들어 제출하시오.

배합표

재료	비율	무게	재료	비율	무게
강력분	80%	640g	마가린	9%	72g
중력분	20%	160g	탈지분유	5%	40g
생이스트	4%	32g	달걀	5%	40g
제빵개량제	1%	8g	물	52%	416g
소금	2%	16g	계	189%	1512g
설탕	11%	88g			

토핑 · 충전물 계량시간에서 제외

재료	비율	무게
프랑크소시지	100%	(720)g
양파	72%	504g
마요네즈	34%	238g
피자치즈	22%	154g
케첩	24%	168g
계	252%	1784g

만드는 법

1. 마가린을 제외한 모든 재료를 넣고 30초 정도 섞는다.

2. 클린업 단계가 되면 마가린을 넣는다.

3. 반죽의 표피를 매끈하게 한다.

4. 반죽이 완료되면 27℃를 확인한다.

5. 1차 발효가 된 것을 확인한다.

6. 반죽을 70g씩 분할한다.

7. 중간 발효 모습

8. 일정한 두께로 밀어서 편다.

9. 소시지를 반죽 위에 올린다.

10. 반죽으로 소시지를 감싼다.

11. 가위로 꽃잎 모양을 만든다.

12. 2차 발효가 완료된 꽃잎 모양의 반죽에 토핑물을 올린다.

13. 모차렐라 치즈를 올린다.

14. 케첩으로 모양을 낸다.

15. 가위로 낙엽 모양을 만든다.

16. 2차 발효가 완료된 낙엽 모양의 반죽에 토핑물을 올린다.

17. 모차렐라 치즈를 올린다.

18. 케첩으로 모양을 내고 윗불 220℃, 밑불 150℃, 20분 전후에서 굽는다.

토핑물

1. 양파를 자른다.

2. 잘게 자른다.

3. 좀 더 잘게 다진다.

4. 잘게 다진 양파를 그릇에 담는다.

5. 마요네즈를 넣는다.

6. 골고루 섞는다.

소시지빵은 빵 반죽에 소시지를 넣고 나뭇잎 모양이나 꽃잎 모양으로
자르기를 한 후 양파나 여러 가지 야채를 마요네즈로 버무린 다음, 반죽
위에 올리고 모차렐라 치즈를 올려 케첩으로 모양을 낸 빵이다.
시중의 빵집에서 쉽게 찾아볼 수 있는 제품이다.

Point

우리가 흔히 먹는
비엔나 소시지나 프랑크
소시지를 도메스틱 소시지라
하죠. 수분이 많아 장기간
보존이 어렵지만 가격이
저렴하여 널리 보급되고
있어요.

요구사항

🕐 **2시간 40분**

식빵(비상스트레이트법)을 제조하여 제출하시오.

1. 배합표의 각 재료를 계량하여 재료별로 진열하시오(**8분**).
2. **비상스트레이트법** 공정에 의해 제조하시오.
   (반죽 온도는 **30℃**로 한다.)
3. 표준 분할 무게는 **170g**으로 하고, 제시된 팬의 용량을 감안하여 결정하시오.
   (단, **분할 무게×3**을 **1개**의 식빵으로 한다.)
4. 반죽은 **전량**을 사용하여 성형하시오.

배합표

재료	비율	무게
강력분	100%	1200g
물	63%	756g
이스트	4%	48g
제빵개량제	2%	24g
설탕	5%	60g
쇼트닝	4%	48g
분유	3%	36g
소금	2%	24g
계	183%	2196g

만드는 법

1. 렛다운 단계까지 반죽한다.

2. 반죽 온도를 확인한다.

3. 1차 발효가 된 것을 확인한다.

4. 반죽을 분할한다.

5. 둥글리기를 한다.

6. 중간 발효 모습

7. 밀대로 밀어서 편다.

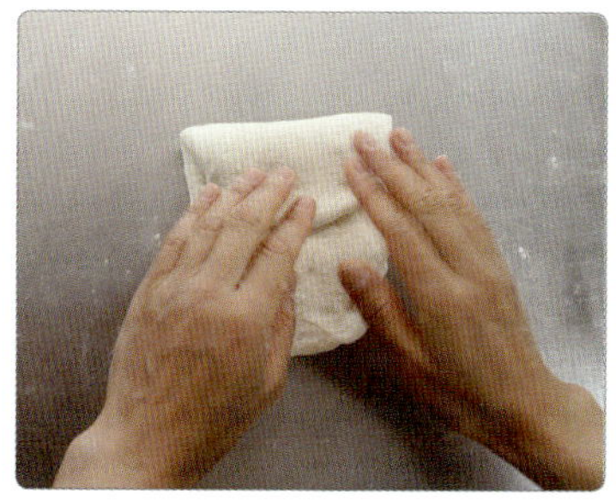

8. 3겹으로 접는다.

9. 말아준다.

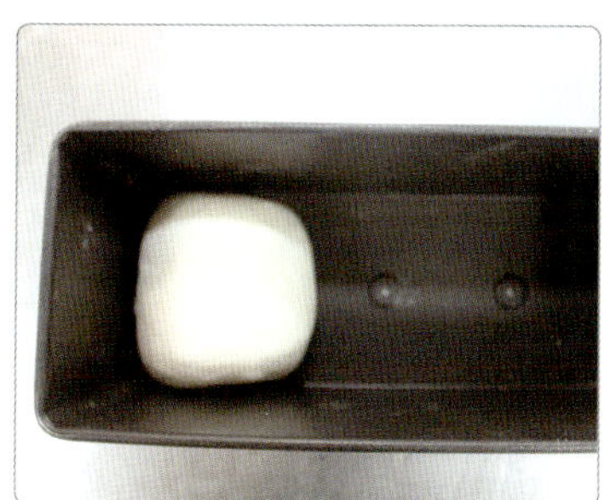

10. 식빵 팬에 패닝한다.

11. 공간이 남지 않도록 손으로 살짝 눌러준다.

12. 2차 발효 후 윗불 178℃, 밑불 185℃, 30분 전후에서 굽는다.

단팥빵
(비상스트레이트법)

  **3시간**

단팥빵(비상스트레이트법)을 제조하여 제출하시오.

1. 배합표의 각 재료를 계량하여 재료별로 진열하시오(**9분**).

2. 반죽은 **비상스트레이트법**으로 제조하시오.
   (단, 유지는 **클린업 단계**에 첨가하고, 반죽 온도는 **30℃**
   로 한다.)

3. 반죽 **1개**의 분할 무게는 **40g**, 팥앙금 무게는 **30g**으로
   제조하시오.

4. 반죽은 **전량**을 사용하여 성형하시오.

배합표

재료	비율	무게
강력분	100%	900g
물	48%	432g
이스트	7%	63g
제빵개량제	1%	9g
소금	2%	18g
설탕	16%	144g
마가린	12%	108g
분유	3%	27g
달걀	15%	135g
계	204%	1836g

만드는 법

1. 마가린을 제외한 모든 재료를 넣는다.

2. 모든 재료가 한 덩어리가 될 때까지 반죽한다.

3. 반죽이 한 덩어리가 되면 마가린을 넣는다.

4. 렛다운 단계까지 반죽을 한다.

5. 소량의 반죽을 펴보고 글루텐을 확인한다.

6. 반죽 온도를 확인한 후 1차 발효시킨다.

7. 손가락 모양이 나면 발효가 완료된 것이다.

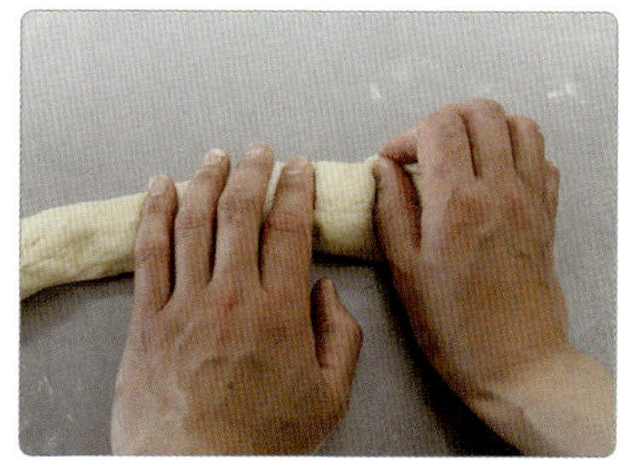

9. 반죽을 40g씩 분할한다.

8. 둥글리기를 한다.

10. 중간 발효 모습

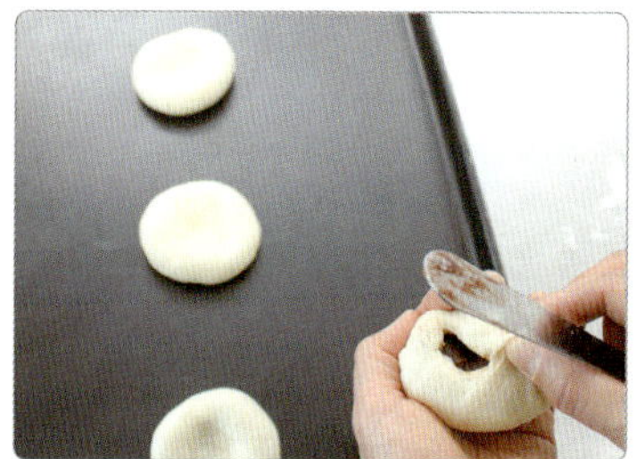

11. 헤라를 사용하여 팥앙금 30g을 포앙한다.

12. 단팥이 상하좌우 고루 분포되도록 하여 윗불 180℃, 밑불 160℃, 20~25분에서 굽는다.

브리오슈

 3시간 30분

브리오슈를 제조하여 제출하시오.

1. 배합표의 각 재료를 계량하여 재료별로 진열하시오(**10분**).

2. 반죽은 **스트레이트법**으로 제조하시오.
   (단, 유지는 **클린업 단계**에 첨가하시오.)

3. 반죽 온도는 **29℃**를 표준으로 하시오.

4. 분할 무게는 **40g**씩이며, **오뚝이 모양**으로 제조하시오.

5. 반죽은 **전량**을 사용하여 성형하시오.

Point 반죽이 들러붙지 않으면 덧가루를 많이 쓰지 않는다.

배합표

재료	비율	무게
강력분	100%	900g
물	30%	270g
이스트	8%	72g
소금	1.5%	13.5(14)g
마가린	20%	180g
버터	20%	180g
설탕	15%	135g
분유	5%	45g
달걀	30%	270g
브랜디	1%	9g
계	230.5%	2074.5(2075)g

만드는 법

1. 가루 재료를 섞다가 물을 넣고 반죽한다.

2. 클린업 단계가 되면 버터와 마가린을 3~4회 나누어 넣는다.

3. 반죽이 다 되면 윤기가 흐른다.

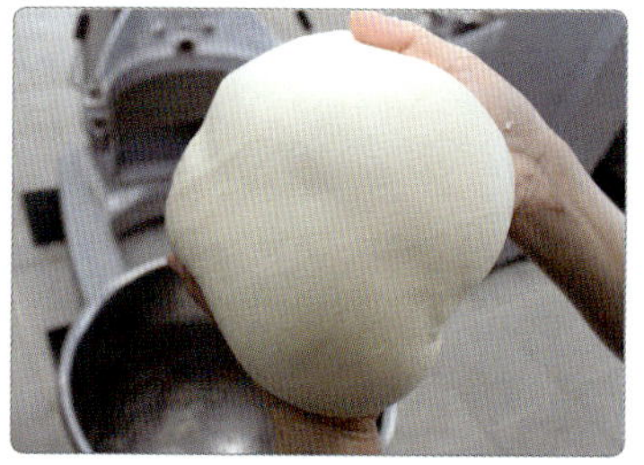

4. 손으로 반죽을 매끄럽게 만든다.

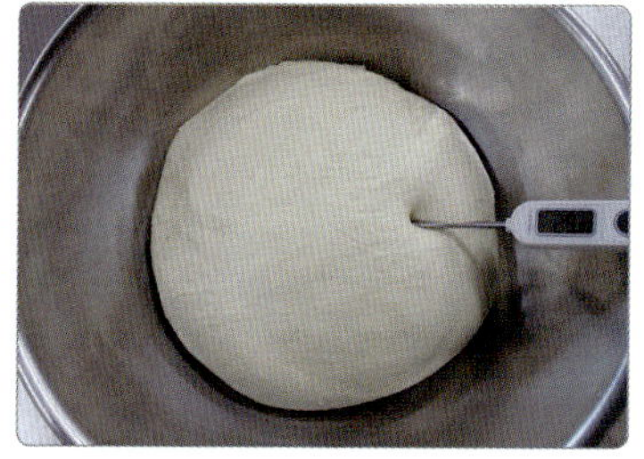

5. 온도가 29℃인지 확인한다.

6. 1차 발효가 된 것을 확인한다.

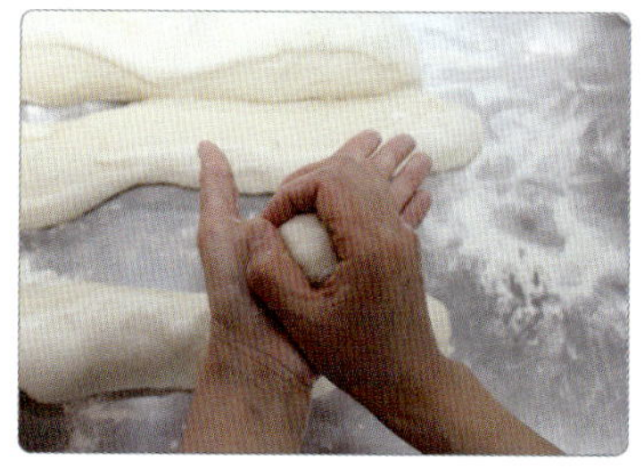

7. 반죽을 40g씩 분할한다.

8. 중간 발효 모습

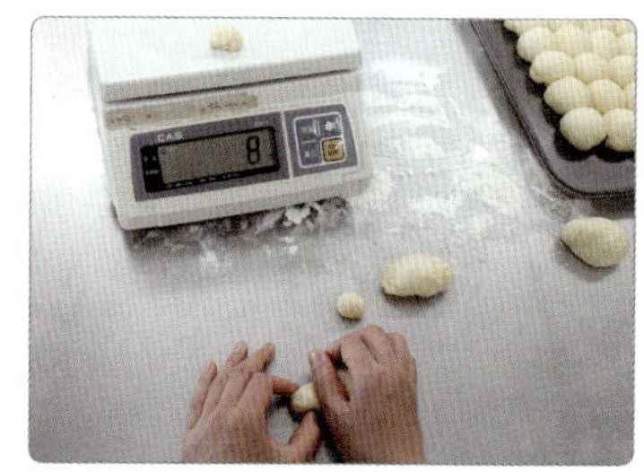

9. 분할한 반죽을 다시 8g과 32g으로 분할한다.

10. 32g 반죽을 브리오슈 팬에 패닝한 후 발효시킨다.

11. 8g 반죽을 올챙이 모양으로 만들어 32g 반죽 위에 올리고 오뚝이 모양으로 만든다.

12. 다시 한 번 발효시킨 후 윗불 195℃, 밑불 160℃, 20분 전후에서 굽는다.

그리시니

  **2시간 30분**

그리시니를 제조하여 제출하시오.

1. 배합표의 각 재료를 계량하여 재료별로 진열하시오(8분).
2. 전 재료를 동시에 투입하여 믹싱하시오(스트레이트법).
3. 반죽 온도는 27℃를 표준으로 하시오.
4. 1차 발효시간은 30분 정도로 하시오.
5. 분할 무게는 30g, 길이는 35~40cm로 성형하시오.
6. 반죽은 전량을 사용하여 성형하시오.

배합표		
강력분	100%	700g
설탕	1%	7g
건조 로즈마리	0.14%	1g
소금	2%	14g
이스트	3%	21g
버터	12%	84g
올리브유	2%	14g
물	62%	434g
계	182.14%	1275g

만드는 법

1. 모든 재료를 한꺼번에 다 넣고 반죽한다.

2. 1차 발효시킨다.

3. 1차 발효가 끝난 모습

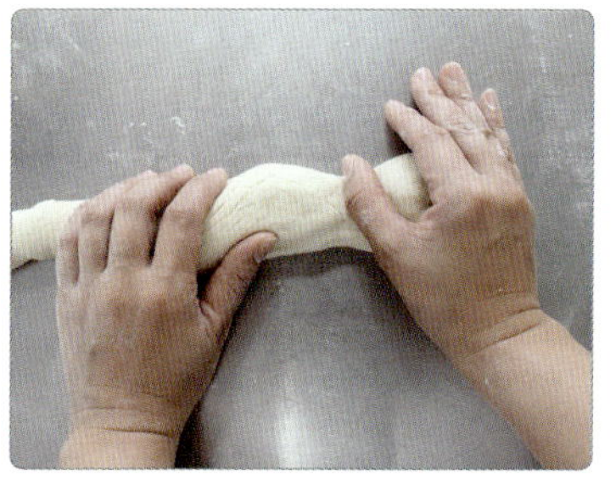

4. 반죽을 30g씩 분할한다.

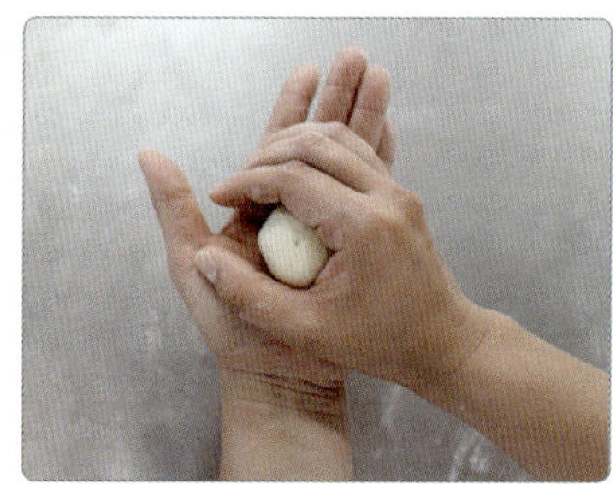

5. 둥글리기를 한다.

6. 중간 발효 모습

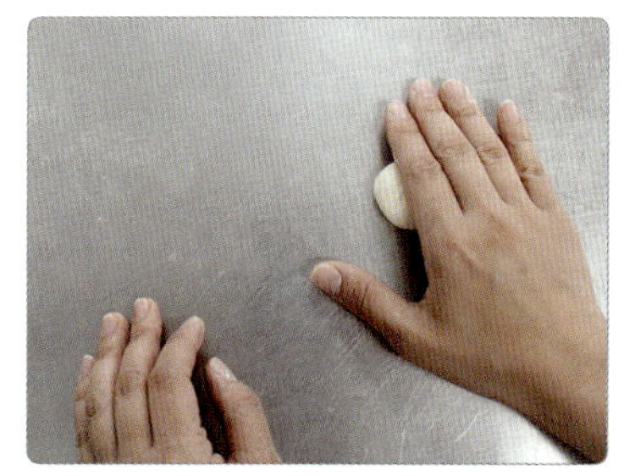

7. 손으로 살짝 밀어서 편다.

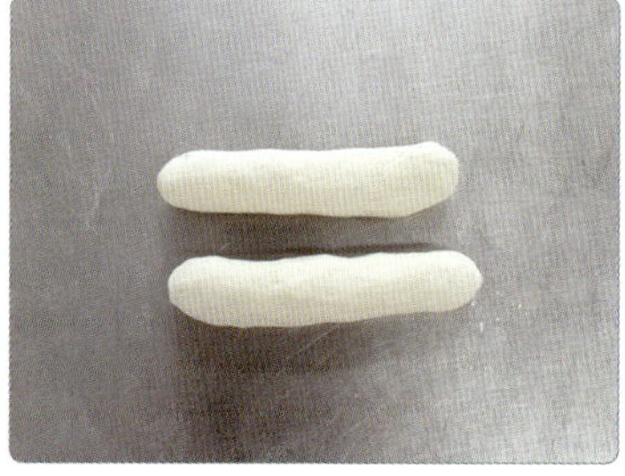

8. 밀어서 편 반죽을 5~10분 발효시킨다.

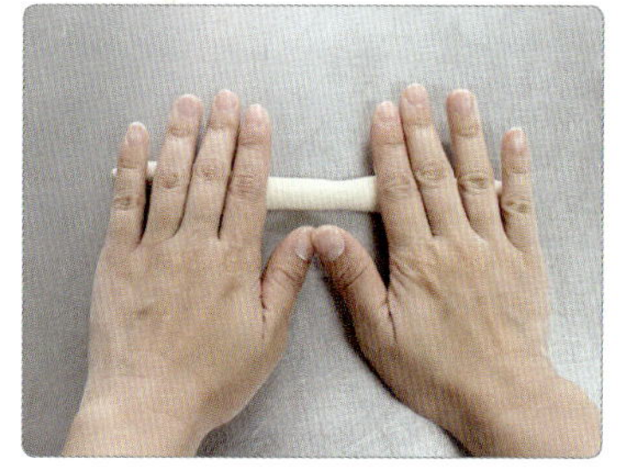

9. 다시 한 번 밀어서 편다.

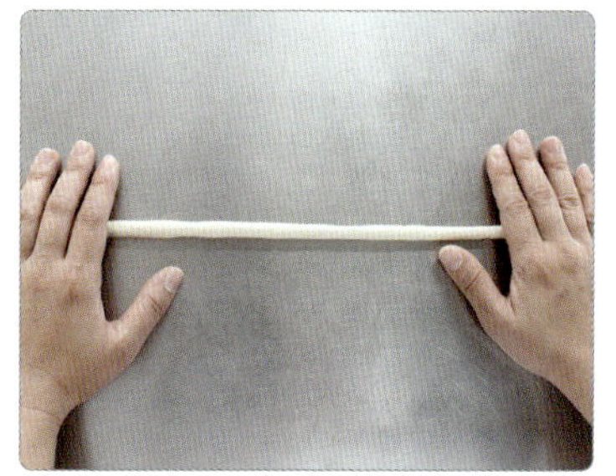

10. 35~40cm로 밀어서 편다.

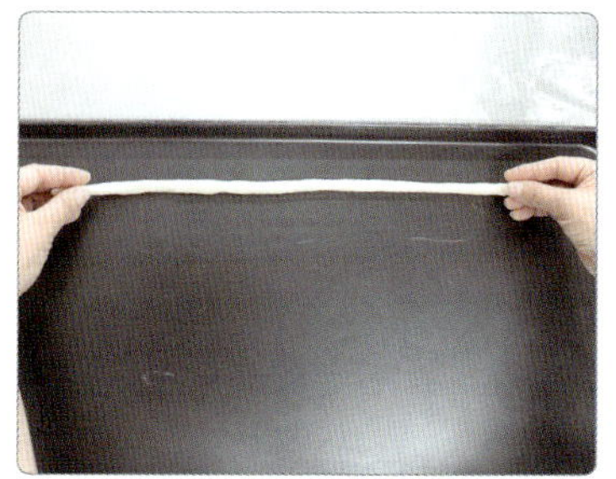

11. 철판에 패닝한다.

12. 2차 발효 후 윗불 220℃, 밑불 150℃, 20분 전후에서 굽는다.

4시간

밤식빵을 제조하여 제출하시오.

1. 반죽 재료를 계량하여 재료별로 진열하시오(10분).

2. 반죽은 스트레이트법으로 제조하시오.

3. 반죽 온도는 27℃를 표준으로 하시오.

4. 분할 무게는 450g으로 하고, 성형 시 450g의 반죽에 80g의 통조림 밤을 넣고 정형하시오(한 덩이: one loaf).

5. 토핑물을 제조하여 굽기 전 토핑하고 아몬드를 뿌리시오.

6. 반죽은 전량을 사용하여 성형하시오.

배합표

재료	%	무게
강력분	80%	960g
중력분	20%	240g
물	52%	624g
이스트	4%	48g
제빵개량제	1%	12g
소금	2%	24g
설탕	12%	144g
버터	8%	96g
분유	3%	36g
달걀	10%	120g
계	192%	2304g

토핑 계량시간에서 제외

재료	%	무게
마가린	100%	100g
설탕	60%	60g
베이킹파우더	2%	2g
달걀	60%	60g
중력분	100%	100g
아몬드슬라이스	50%	50g
계	372%	372g
밤다이스(시럽제외)	35%	420g

만드는 법

1. 버터를 제외하고 반죽한다.

2. 클린업 단계에서 버터를 넣는다.

3. 최종 단계까지 반죽한다.

4. 반죽 온도를 확인한다.

5. 1차 발효가 된 것을 확인한다.

6. 1차 발효 완료

7. 반죽을 450g씩 분할한다.

8. 둥글리기를 한다.

9. 중간 발효 모습

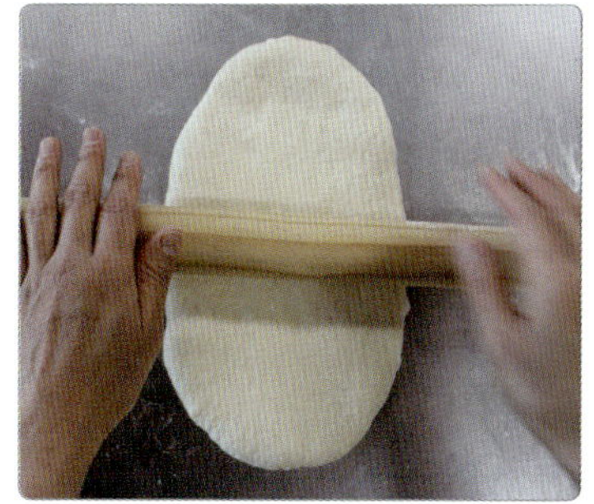

10. 밀대로 밀어서 편다.

11. 밤 80g을 충전한다.

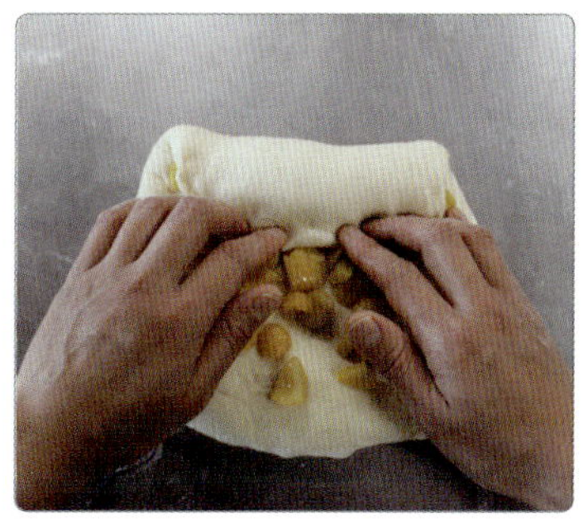

12. 말아준다.

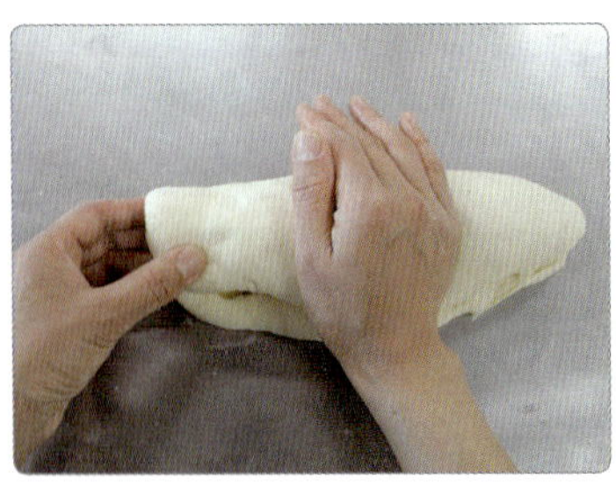

13. 이음매 부분을 잘 붙인다.

14. 식빵 팬에 패닝하고 손으로 눌러준다.

15. 2차 발효시킨다.

16. 2차 발효 후 토핑물을 짤주머니에 담아서 윗면에 짜준다.

17. 3줄을 짜준다.

18. 아몬드 슬라이스를 뿌린 후 윗불 178℃, 밑불 185℃, 30분 전후에서 굽는다.

토핑물

1. 마가린을 부드럽게 만든다.

2. 설탕을 넣고 섞는다.

3. 달걀을 넣고 크림화시킨다.

4. 중력분과 베이킹파우더를 넣고 섞는다.

5. 중력분이 보이지 않을 때까지 섞는다.

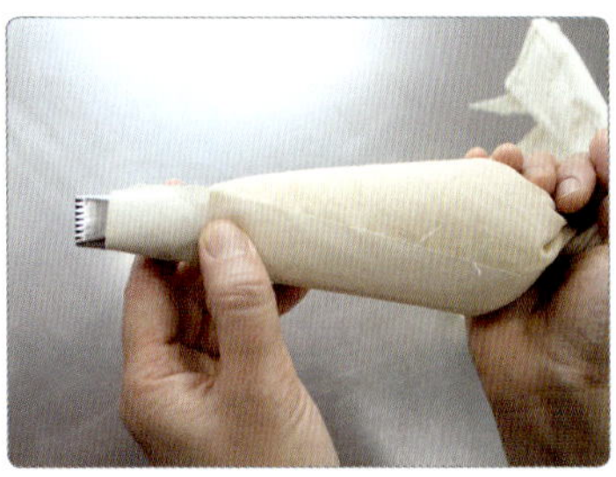

6. 짤주머니에 납작 깍지를 끼우고 반죽을 담는다.

　식빵이란 이름은 프랑스의 로버트 클럭이라는 사람이 일본에 요코하마 베이커리를 열게 된 이후 알려지게 되었다.

　처음에는 빵 안에 단팥이나 크림을 넣은 프랑스식 빵이 유행하다가 나중에는 빵의 윗부분을 산 모양으로 부풀린 영국식 빵이 주류를 이루었다.

　간식용으로 먹던 프랑스식 빵과는 달리 영국식 빵을 주식으로 많이 먹게 되면서 식빵이라 불리게 되었다고 전해진다.

Point

밤식빵은 반죽을 밀어
성형할 때 둥글고 단단하게
말아야 해요. 그렇지 않으면
오븐에서 구워서 잘랐을 때
중간 부분에 구멍이
난답니다.

베이글

  **3시간 30분**

베이글을 제조하여 제출하시오.

1. 배합표의 각 재료를 계량하여 재료별로 진열하시오(7분).
2. 반죽은 스트레이트법으로 제조하시오.
3. 반죽 온도는 27℃를 표준으로 하시오.
4. 1개당 분할 무게는 80g으로, 링 모양으로 정형하시오.
5. 반죽은 전량을 사용하여 성형하시오.
6. 2차 발효 후 끓는 물에 데쳐 패닝하시오.
7. 팬 2개에 완제품 16개를 구워서 제출하시오.

배합표

재료	비율	무게
강력분	100%	900g
물	60%	540g
이스트	3%	27g
제빵개량제	1%	9g
소금	2.2%	(20)g
설탕	2%	18g
식용유	3%	27g
계	171.2%	1541g

Point 베이글을 끓는 물에 데치는 것은 겉면의 전분을 호화시켜 껍질을 익히고 광택을 주기 위해서이다.

만드는 법

1. 발전 단계까지 반죽한다.

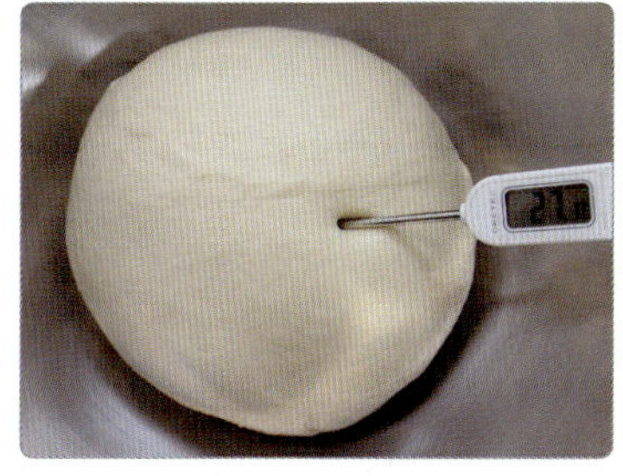

2. 반죽 온도를 확인한다.

3. 1차 발효가 된 것을 확인한다.

4. 반죽을 80g씩 분할한다.

5. 둥글리기를 한다.

6. 중간 발효 모습

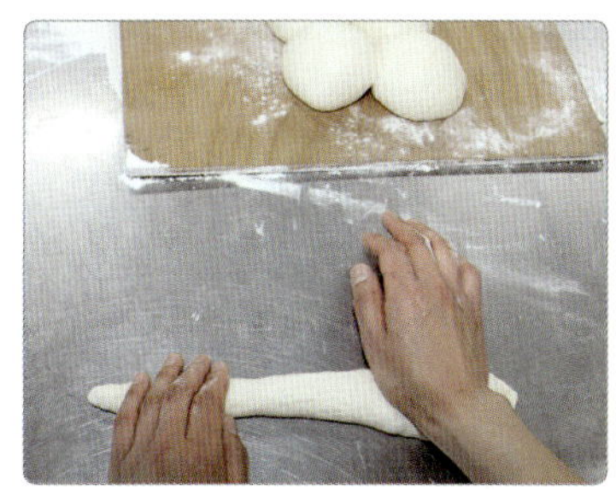

7. 길게 밀어서 편다. 한쪽을 더 굵게 밀어서 편다.

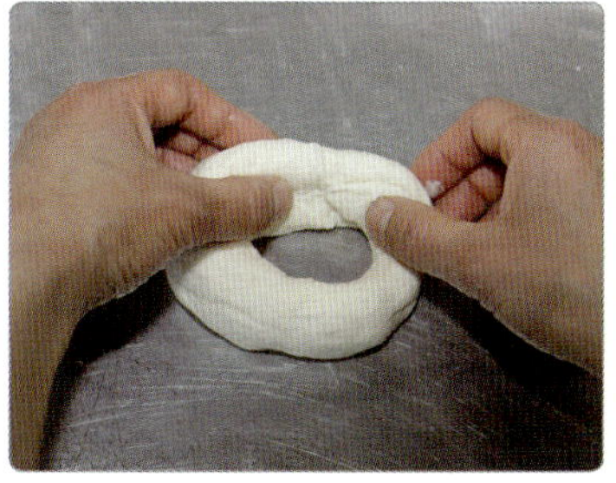

8. 동그랗게 붙인다.

9. 이음매 부분을 잘 붙인다.

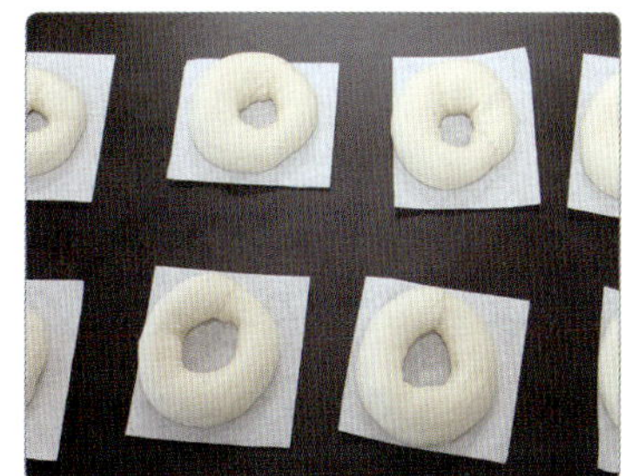

10. 위생지를 깔고 한 팬에 8개씩 패닝한다.

11. 2차 발효가 끝나면 끓는 물에 데친다.

12. 체로 건져서 팬에 패닝한 후 윗불 200℃, 밑불 180℃, 20분 전후에서 굽는다.

요구
사항 🕐 **4시간**

통밀빵을 제조하여 제출하시오.

1. 배합표의 각 재료를 계량하여 재료별로 진열하시오(**10분**).
   (단, 토핑용 오트밀은 계량시간에서 제외한다.)

2. 반죽은 **스트레이트법**으로 제조하시오.

3. 반죽 온도는 **25℃**를 표준으로 하시오.

4. 표준 분할 무게는 **100g**으로 하시오.

5. 제품의 형태는 **밀대(봉)형**(**22~23cm**)으로 제조하고, 표면
   에 물을 발라 **오트밀**을 보기 좋게 적당히 묻히시오.

6. 반죽은 **전량**을 사용하여 성형하시오.

Point 패닝 시 적절한 간격을 유지해야 한다.

배합표

강력분	80%	800g
통밀가루	20%	200g
이스트	2.5%	25g
제빵개량제	1%	10g
물	63~65%	630~650g
소금	1.5%	15g
설탕	3%	30g
버터	7%	70g
탈지분유	3%	30g
몰트액	1.5%	15g
계	182.5~184.5%	1825~1845g

토핑용

토핑용 재료는 계량시간에서 제외

오트밀	–	200g

만드는 법

1. 몰트액을 물에 희석시킨다.

2. 반죽이 한 덩어리가 되면 버터를 넣고 발전 단계까지 반죽한다.

3. 반죽 온도를 확인한다.

4. 1차 발효가 된 것을 확인한다.

5. 반죽을 100g씩 분할한다.

6. 둥글리기를 한다.

7. 중간 발효 모습

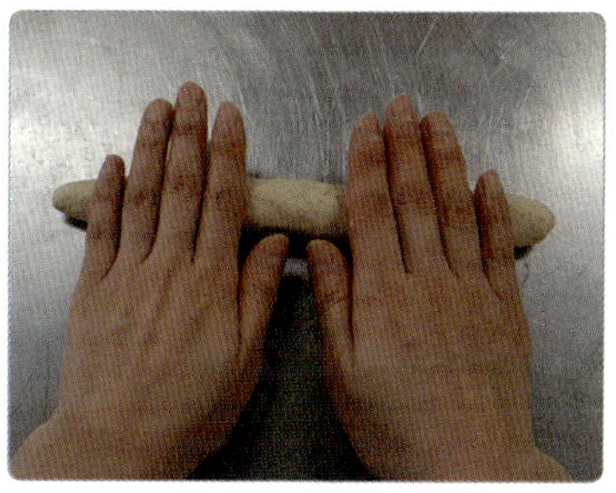

8. 길게 밀어서 밀대(봉)형으로 만든다(22~23cm).

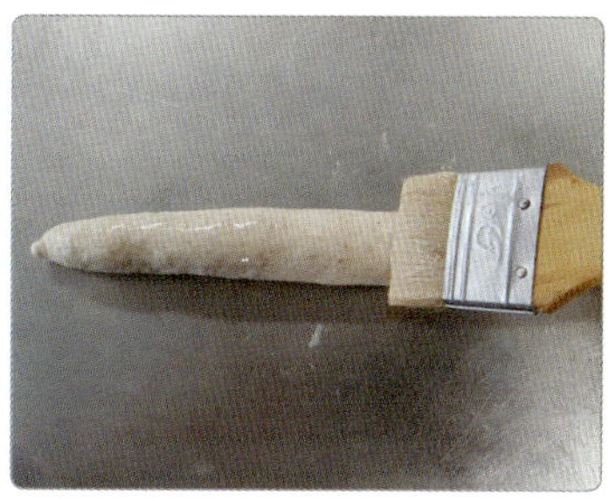

9. 붓으로 표면에 물을 묻힌다.

10. 철판에 오트밀을 얇게 펴놓고 묻힌다.

11. 오트밀이 묻은 모습

12. 패닝하여 윗불 190℃, 밑불 160℃, 20~25분에서 굽는다.

스위트롤

 **요구 사항** 🕐 **4시간**

스위트롤을 제조하여 제출하시오.

1. 배합표의 각 재료를 계량하여 재료별로 진열하시오(**9분**).

2. 반죽은 **스트레이트법**으로 제조하시오.
   (단, 유지는 **클린업 단계**에 첨가하시오.)

3. 반죽 온도는 **27℃**를 표준으로 사용하시오.

4. **야자잎형**, **트리플리프(세잎새형)**의 **2가지** 모양으로 하시오.

5. 계피설탕은 각자가 제조하여 사용하시오.

6. 반죽은 **전량**을 사용하여 성형하시오.

Point 구울 때 충전물이 너무 많지 않도록 하고, 충전물을 뿌릴 때 가장자리는 피하도록 한다.

배합표

재료	비율	무게
강력분	100%	1200g
물	46%	552g
이스트	5%	60g
제빵개량제	1%	12g
소금	2%	24g
설탕	20%	240g
쇼트닝	20%	240g
분유	3%	36g
달걀	15%	180g
계	212%	2544g

충전물

충전용 재료는 계량시간에서 제외

재료	비율	무게
설탕	15%	180g
계피가루	1.5%	18g

만드는 법

1. 최종 단계까지 반죽한다.

2. 1차 발효가 된 것을 확인한다.

3. 반죽을 작업대 위에 올린다.

4. 밀대로 밀어서 편다.

5. 녹인 버터를 바른다.

6. 계피설탕을 뿌린다.

7. 윗면에 물을 바른다.

8. 촘촘히 말아준다.

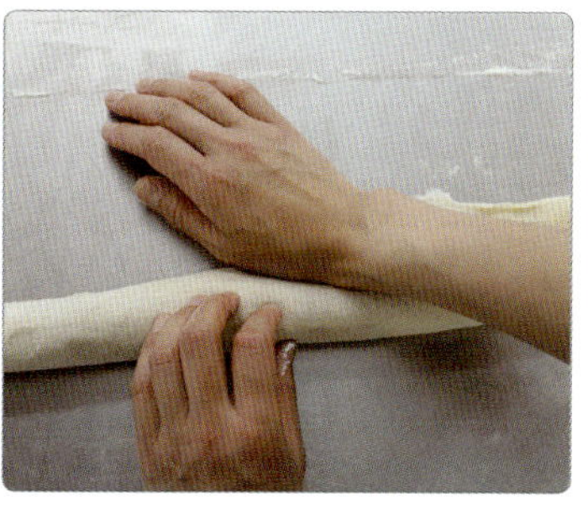

9. 이음매 부분을 잘 붙인다.

10. 야자잎 모양과 트리플리프 모양으로 만들기 위해 자른다.

11. 야자잎 모양

12. 트리플리프 모양. 2차 발효 후 윗불 195℃, 밑불 150℃, 20분 전후에서 굽는다.

우유식빵

🕐 **4시간**

우유식빵을 제조하여 제출하시오.

1. 배합표의 각 재료를 계량하여 재료별로 진열하시오(**7분**).

2. 반죽은 **스트레이트법**으로 제조하시오.
   (단, 유지는 **클린업 단계**에 첨가하시오.)

3. 반죽 온도는 **27℃**를 표준으로 하시오.

4. 표준 분할 무게는 **180g**으로 하고, 제시된 팬의 용량을 감안하여 결정하시오.
   (단, **분할 무게×3을 1개**의 식빵으로 한다.)

5. 반죽은 **전량**을 사용하여 성형하시오.

배합표

재료	비율	무게
강력분	100%	1200g
우유	72%	864g
이스트	3%	36g
제빵개량제	1%	12g
소금	2%	24g
설탕	5%	60g
쇼트닝	4%	48g
계	187%	2244g

Point 반죽 3개가 고르게 발효될 수 있도록 성형할 때부터 좌우 대칭이 되도록 균형을 맞추어야 한다.

만드는 법

1. 클린업 단계에서 쇼트닝을 넣고 최종 단계까지 반죽한다.

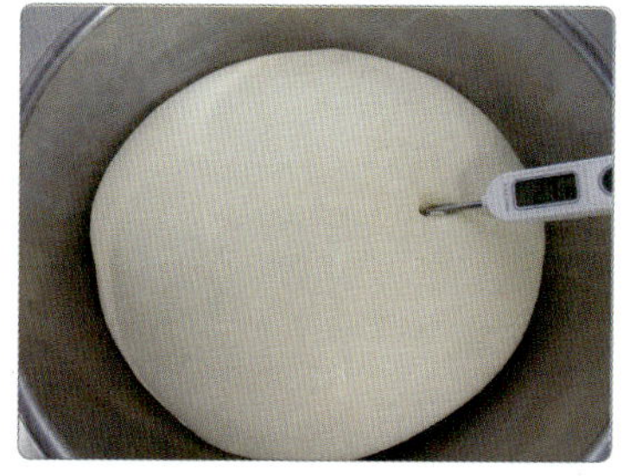

2. 반죽 온도를 확인한다.

3. 1차 발효가 된 것을 확인한다.

4. 반죽을 180g씩 분할한다.

5. 둥글리기를 한다.

6. 중간 발효 모습

7. 밀대로 밀어서 편다.

8. 3겹으로 접는다.

9. 말아준다.

10. 이음매 부분을 잘 붙인다.

11. 반죽을 3개씩 패닝한 후 살짝 눌러준다.

12. 2차 발효 모습. 윗불 178℃, 밑불 185℃, 30분 전후에서 굽는다.

불란서빵

 **요구 사항** 🕐 **4시간**

불란서빵을 제조하여 제출하시오.

1. 배합표의 각 재료를 계량하여 재료별로 진열하시오(**5분**).

2. 반죽은 **스트레이트법**으로 제조하시오.

3. 반죽 온도는 **24℃**를 표준으로 하시오.

4. 반죽은 **200 g**씩으로 분할하고, **막대 모양**으로 만드시오.
   (단, 막대 길이는 **30 cm**, **3군데**에 자르기를 하시오.)

5. 반죽은 **전량**을 사용하여 성형하시오.

6. **평철판**을 사용하여 구우시오.

배합표

재료	비율	무게
강력분	100%	1000 g
물	65%	650 g
이스트	3.5%	35 g
제빵개량제	1.5%	15 g
소금	2%	20 g
계	172%	1720 g

Point 칼집을 낼 때는 칼을 45° 각도로 눕혀서 일(一)자에 가깝도록 한다.

만드는 법

1. 발전 단계까지 반죽한다.

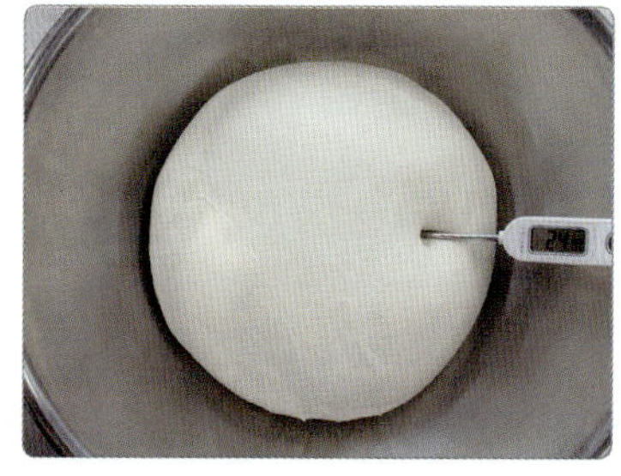

2. 반죽 온도를 확인한다.

3. 1차 발효가 된 것을 확인한다.

4. 반죽을 200g씩 분할한다.

5. 둥글리기를 한다.

6. 중간 발효시킨다.

7. 밀대로 밀어서 편다.

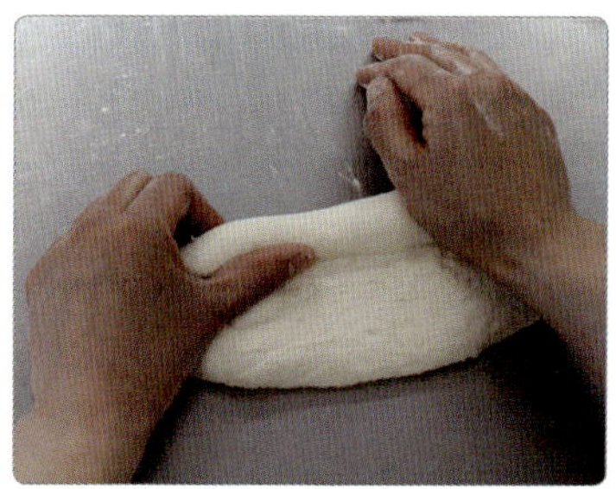

8. 말아준다.

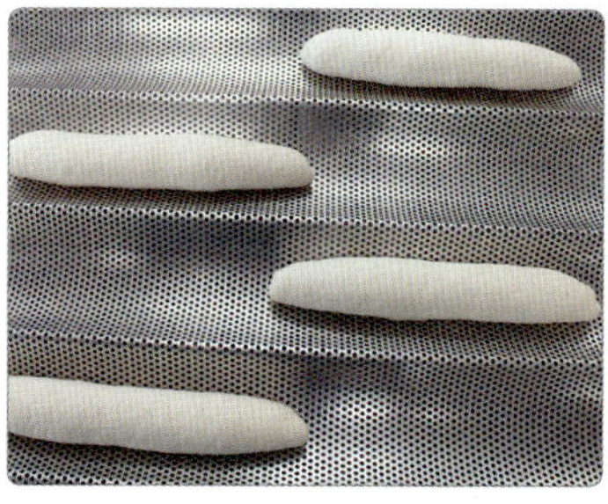

9. 바게트 전용 팬에 패닝한 모습

10. 칼집을 3군데 넣고 물을 뿌린 후 굽는다.

11. 철판에 패닝한 모습

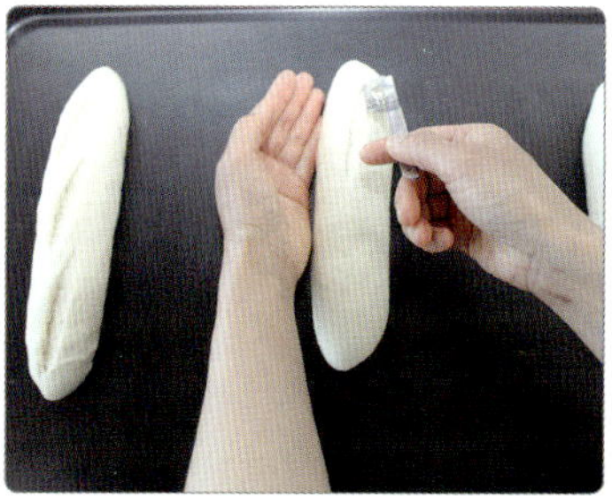

12. 칼집을 넣고 물을 뿌린 후 윗불 220℃, 밑불 210℃, 30분 전후에서 굽는다(갈색이 나면 윗불 180℃, 밑불 180℃).

단과자빵
(트위스트형)

**요구
사항** 🕐 **4시간**

단과자빵(트위스트형)을 제조하여 제출하시오.

1. 배합표의 각 재료를 계량하여 재료별로 진열하시오(**9분**).

2. 반죽은 **스트레이트법**으로 제조하시오.
   (단, 유지는 **클린업 단계**에 첨가하시오.)

3. 반죽 온도는 **27℃**를 표준으로 하시오.

4. 반죽 분할 무게는 **50 g**이 되도록 하시오.

5. 모양은 **8자형**, **달팽이형**, **더블 8자형** 중 감독위원이 요구
   하는 **2가지** 모양으로 만드시오.

6. 반죽은 **전량**을 사용하여 성형하시오.

배합표

재료	비율	무게
강력분	100%	1200g
물	47%	564g
이스트	4%	48g
제빵개량제	1%	12g
소금	2%	24g
설탕	12%	144g
쇼트닝	10%	120g
분유	3%	36g
달걀	20%	240g
계	199%	2388g

만드는 법

1. 1차 발효가 끝나면 반죽을 분할하고 중간 발효시킨다.

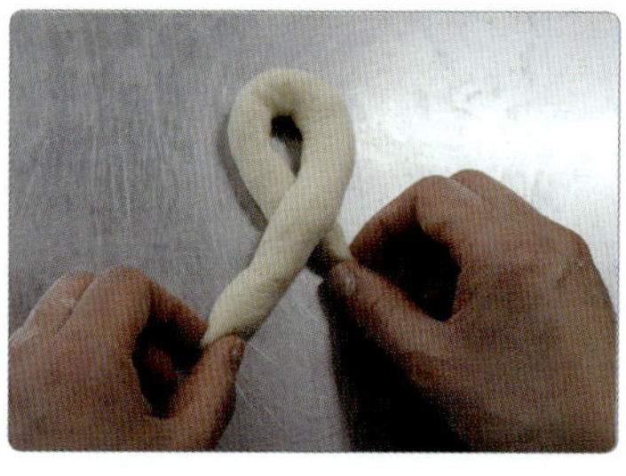

2. 반죽을 밀어서 펴고 서로 엇갈리게 만든다.

3. 8자 모양을 만든다.

4. 8자형 완성

5. 반죽을 길게 밀어서 펴고 서로 엇갈리게 한다.

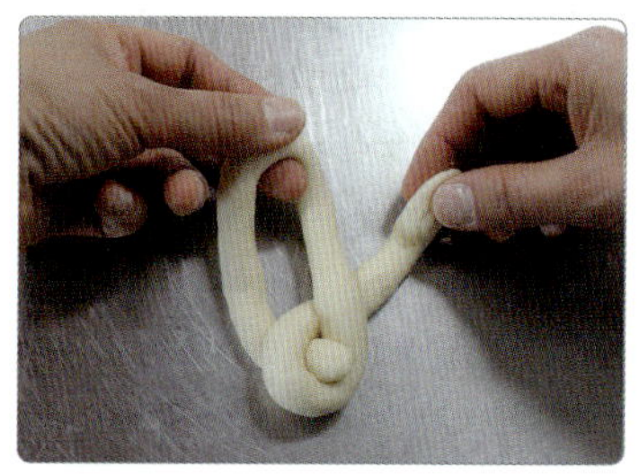

6. 반죽을 사이에 넣는다.

7. 반죽을 한 번 비틀어준다.

8. 반죽을 사이에 넣어 더블 8자 모양으로 만든다.

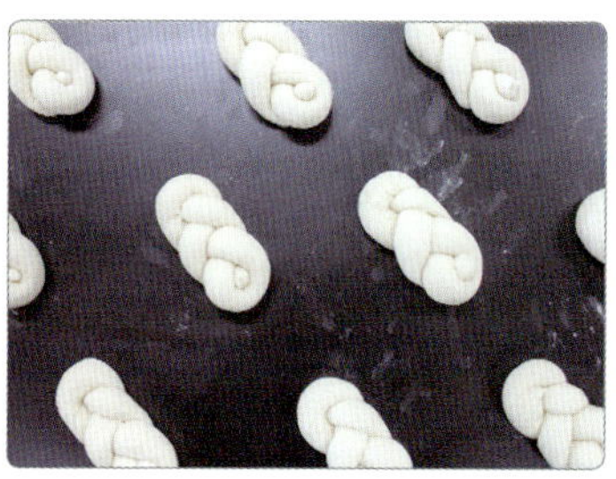

9. 더블 8자형 완성

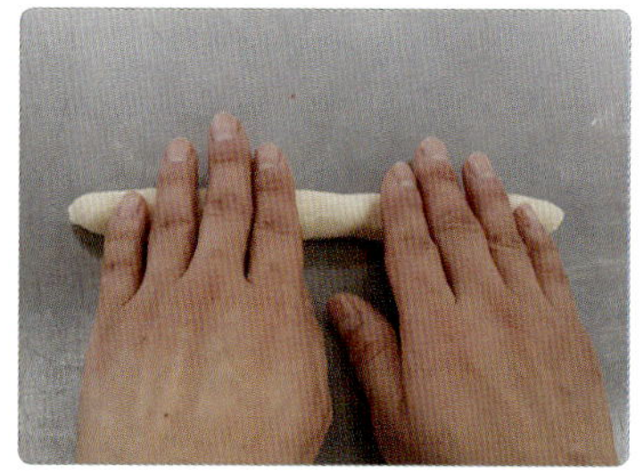

10. 반죽을 길게 밀어서 편다.

11. 달팽이 모양으로 말아준다.

12. 달팽이형 완성. 2차 발효 후 윗불 190℃, 밑불 150℃, 20분 전후에서 굽는다.

단과자빵
(크림빵)

  **요구사항** 🕐 **4시간**

단과자빵(크림빵)을 제조하여 제출하시오.

1. 배합표의 각 재료를 계량하여 재료별로 진열하시오(**9분**).

2. 반죽은 **스트레이트법**으로 제조하시오.
   (단, 유지는 **클린업 단계**에 첨가하시오.)

3. 반죽 온도는 **27℃**를 표준으로 하시오.

4. 반죽 **1개**의 분할 무게는 **45g**, 1개당 크림 사용량은 **30g**
   으로 제조하시오.

5. 제품 중 **20개**는 크림을 넣은 후 굽고, 나머지는 **반달형**으
   로 크림을 충전하지 말고 제조하시오.

6. 반죽은 **전량**을 사용하여 성형하시오.

배합표

강력분	100%	1100g
물	53%	583g
이스트	4%	44g
제빵개량제	2%	22g
소금	2%	22g
설탕	16%	176g
쇼트닝	12%	132g
분유	2%	22g
달걀	10%	110g
계	201%	2211g

충전물

충전용 재료는 계량시간에서 제외

커스터드 크림	65%	715g

만드는 법

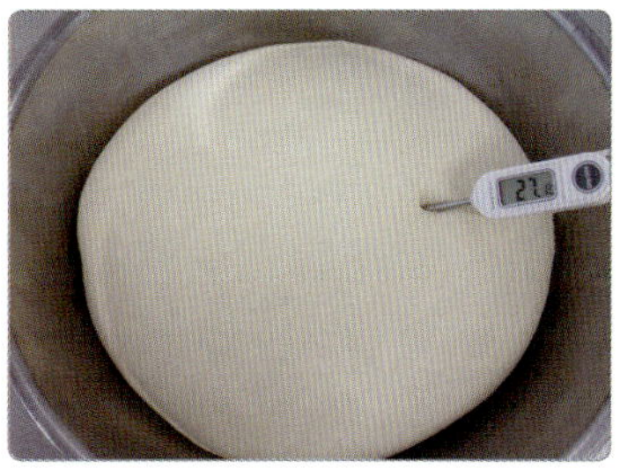

1. 최종 단계까지 반죽한 후 온도를 확인한다.

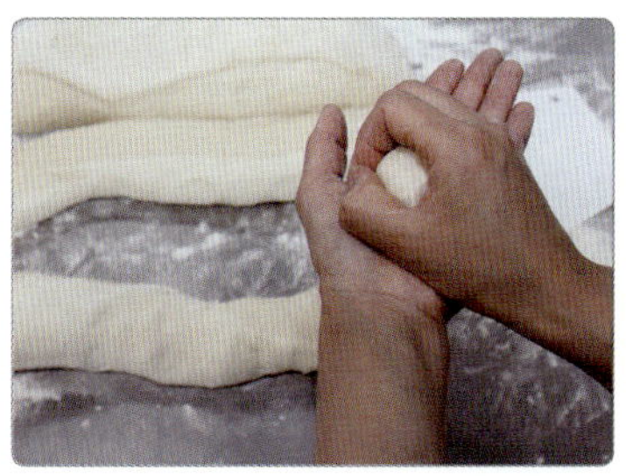

2. 반죽을 분할한 후 둥글리기를 한다.

3. 중간 발효 모습

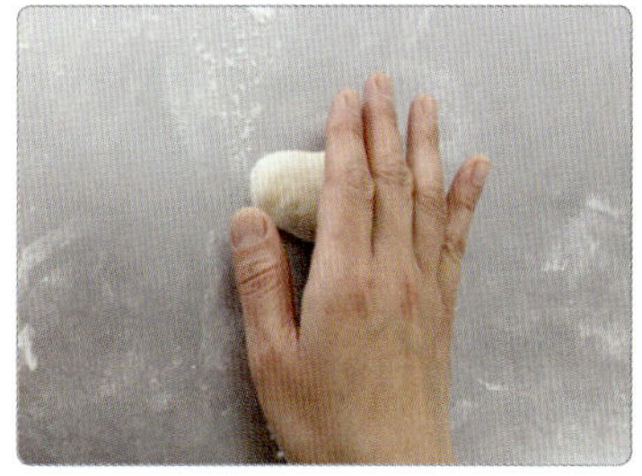

4. 반죽을 타원형으로 만든다.

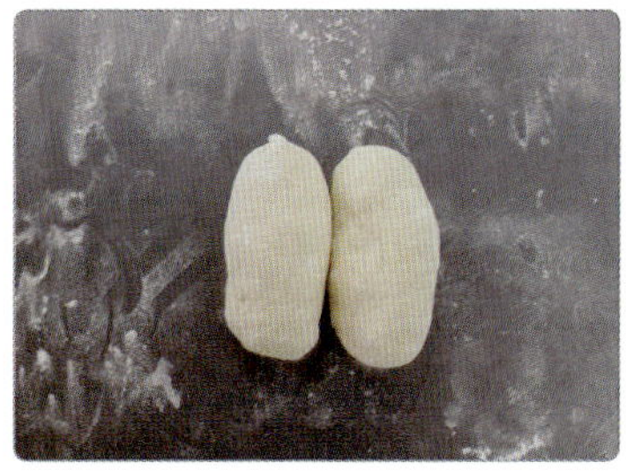

5. 타원형 모습

6. 밀대로 밀어서 편다.

7. 5~6개 정도 포갠 후 식용유를 바른다.

8. 1/2로 접어서 패닝한다. 충전하지 않은 반달형 완성

9. 밀대로 밀어준다.

10. 커스터드 크림을 30g씩 충전한다.

11. 반죽을 덮은 후 스크레이퍼로 5군데 칼집을 낸다.

12. 충전한 크림빵 완성. 2차 발효 후 윗불 195℃, 밑불 150℃, 20분 전후에서 굽는다.

풀만식빵

 요구
사항  **4시간**

풀만식빵을 제조하여 제출하시오.

1. 배합표의 각 재료를 계량하여 재료별로 진열하시오(**9분**).

2. 반죽은 **스트레이트법**으로 제조하시오.
   (단, 유지는 **클린업 단계**에 첨가하시오.)

3. 반죽 온도는 **27℃**를 표준으로 하시오.

4. 표준 분할 무게는 **250 g**으로 하고, 제시된 팬의 용량을 감
   안하여 결정하시오.
   (단, **분할 무게×2**를 **1개**의 식빵으로 한다.)

5. 반죽은 **전량**을 사용하여 성형하시오.

배합표

재료	비율	무게
강력분	100%	1400g
물	58%	812g
이스트	3%	42g
제빵개량제	1%	14g
소금	2%	28g
설탕	6%	84g
쇼트닝	4%	56g
달걀	5%	70g
분유	3%	42g
계	182%	2548g

만드는 법

1. 쇼트닝을 넣고 최종 단계까지 반죽한다.

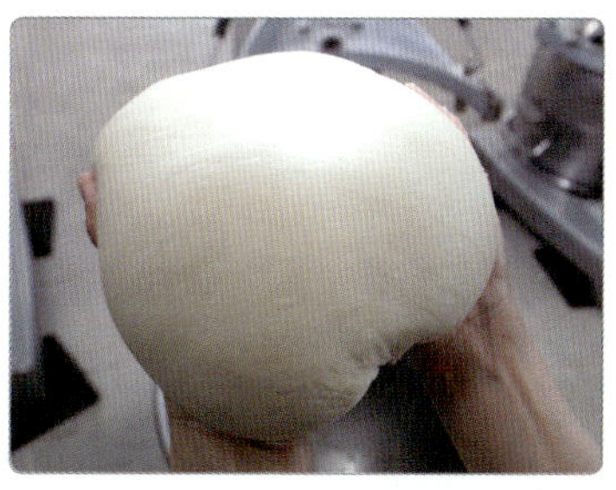

2. 반죽 속에 공기를 포집할 수 있도록 반죽을 동그랗게 만든다.

3. 반죽 온도를 확인한다.

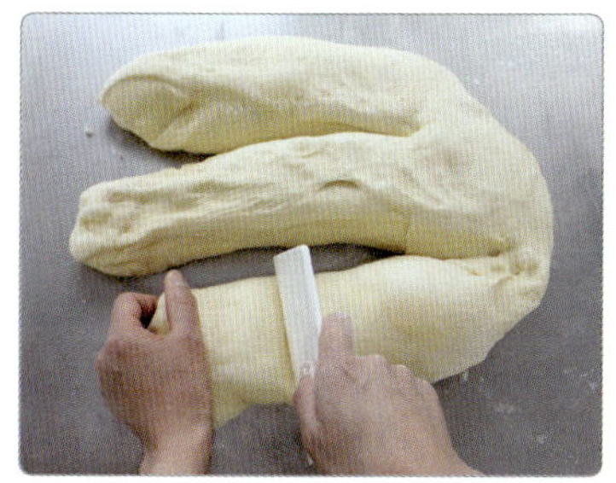

4. 1차 발효가 끝난 후 분할한다.

5. 둥글리기를 한다.

6. 중간 발효 모습

7. 밀대로 밀어서 편다.

8. 3겹으로 접는다.

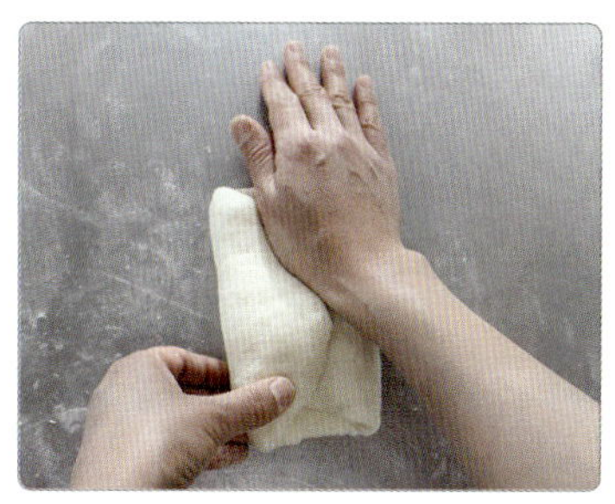

9. 말아준다.

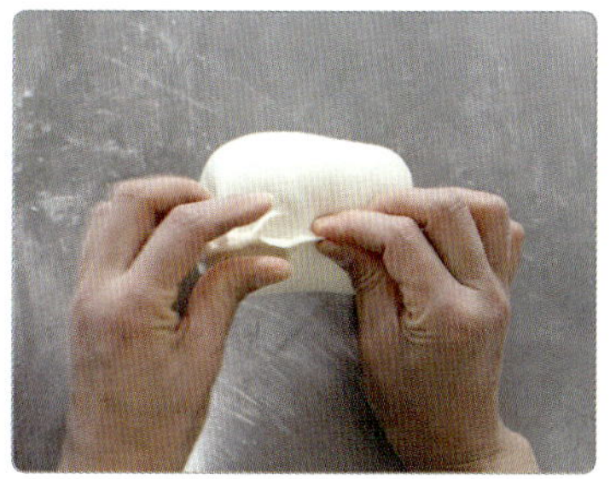

10. 이음매 부분을 잘 붙인다.

11. 풀만 팬에 패닝한다.

12. 2차 발효 후 뚜껑을 닫고 윗불 180℃, 밑불 185℃, 35~40분에서 굽는다.

  **4시간**

단과자빵(소보로빵)을 제조하여 제출하시오.

1. 빵반죽 재료를 계량하여 재료별로 진열하시오(9분).

2. 반죽은 스트레이트법으로 제조하시오.
   (단, 유지는 클린업 단계에 첨가하시오.)

3. 반죽 온도는 27℃를 표준으로 하시오.

4. 반죽 1개의 분할 무게는 46g씩, 1개당 소보로 사용량은 약 26g씩으로 제조하시오.

5. 토핑용 소보로는 배합표에 의거 직접 제조하시오.

6. 반죽은 전량을 사용하여 성형하시오.

배합표(빵반죽)		
강력분	100%	1100g
물	47%	517g
이스트	4%	44g
제빵개량제	1%	11g
소금	2%	22g
마가린	18%	198g
분유	2%	22g
달걀	15%	165g
설탕	16%	176g
계	205%	2255g

토핑용 소보로		계량시간에서 제외
중력분	100%	500g
설탕	60%	300g
마가린	50%	250g
땅콩버터	15%	75g
달걀	10%	50g
물엿	10%	50g
분유	3%	15g
베이킹파우더	2%	10g
소금	1%	5g
계	251%	1255g

만드는 법

1. 가루 재료를 섞는다.

2. 물과 달걀을 넣고 반죽한다.

3. 클린업 단계가 되면 마가린을 넣는다.

4. 최종 단계까지 반죽한다.

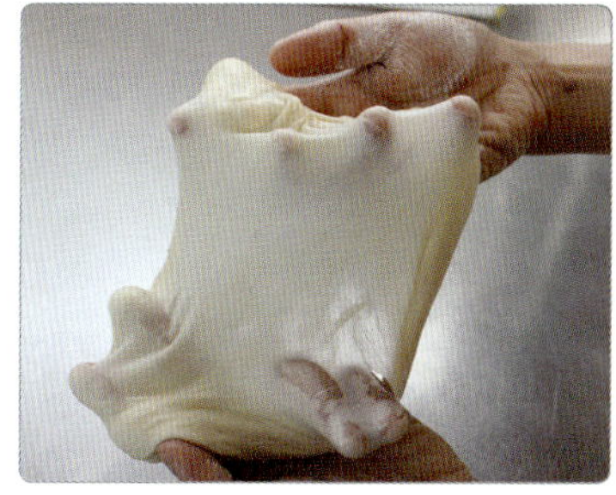

5. 글루텐을 확인한다.

6. 표면을 매끈하게 한다.

7. 반죽 온도를 확인한다.

8. 1차 발효가 된 것을 확인한다.

9. 반죽을 46g씩 분할한다.

10. 중간 발효 모습

11. 반죽에 물을 적셔 소보로 위에 놓고 힘껏 누른다.

12. 패닝하여 윗불 185℃, 밑불 150℃, 25분 전후에서 굽는다.

소보로(스트로이젤)

1. 마가린과 땅콩버터를 부드럽게 만든다.

2. 설탕, 소금, 물엿을 넣는다.

3. 거품기로 다시 저어준다.

4. 달걀을 넣고 저어준다.

5. 달걀이 보이지 않을 때까지 저어준다.

6. 가루 재료를 넣고 섞는다.

7. 휴지시킨다.

8. 손으로 살살 비벼준다.

9. 비비면서 소보로의 상태를 확인한다.

10. 계속 비벼준다.

11. 시간이 갈수록 노란색을 띤다.

12. 6번째 색이면 좋다.

소보로빵은 과자빵을 반죽하여 빵 표면에 소보로를 묻히고 울퉁불퉁한 모양으로 바삭하게 구워낸 것으로, 울퉁불퉁한 모양 때문에 곰보빵, 못난이빵이라고도 한다.

소보로라는 이름 때문에 일본에서 건너온 빵이라고도 하지만 일본에서는 소보로빵이 우리나라만큼 대중화되어 있지 않다.

일본어의 '소보로'는 포르투갈어로 '불필요한 것', '나머지' 등을 뜻하는 'soprado'에서 따온 것으로 '풍미'를 뜻하는 sabor에서 따왔다고도 전해진다.

 **4시간**

더치빵을 제조하여 제출하시오.

1. 반죽 재료를 계량하여 재료별로 진열하시오(9분).

2. 반죽은 스트레이트법으로 제조하시오.
   (단, 유지는 클린업 단계에 첨가하시오.)

3. 반죽 온도는 27℃를 표준으로 하시오.

4. 빵반죽에 토핑할 시간을 맞추어 발효시키시오.

5. 빵 반죽은 1개당 300g씩 분할하시오.

6. 반죽은 전량을 사용하여 성형하시오.

배합표(반죽)		
강력분	100%	1100g
물	60%	660g
이스트	3%	33g
제빵개량제	1%	11g
소금	1.8%	20g
설탕	2%	22g
쇼트닝	3%	33g
탈지분유	4%	44g
흰자	3%	33g
계	177.8%	1956g

토핑물		계량시간에서 제외
멥쌀가루	100%	200g
중력분	20%	40g
이스트	2%	4g
설탕	2%	4g
소금	2%	4g
물	85%	170g
마가린	30%	60g
계	241%	482g

만드는 법

1. 발전 단계까지 반죽한다.

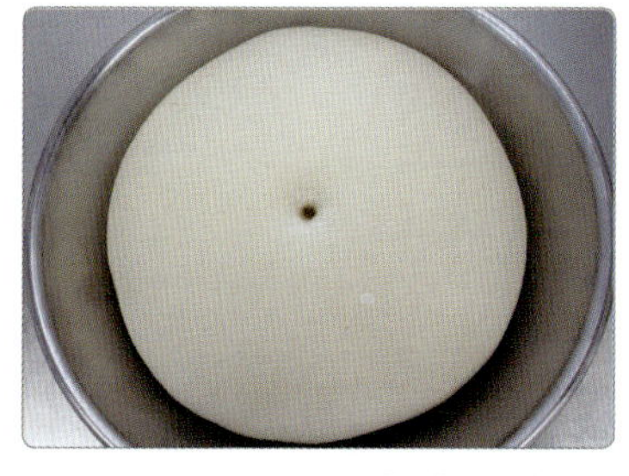

2. 1차 발효가 된 것을 확인한다.

3. 반죽을 300g씩 분할한다.

4. 둥글리기를 한다.

5. 중간 발효 모습

6. 밀대로 밀어서 편다.

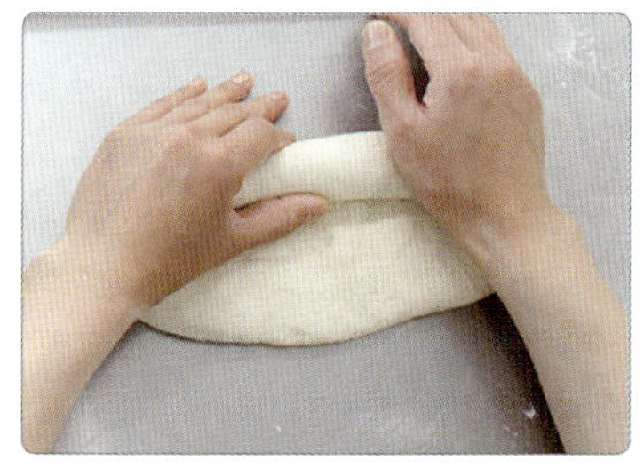

7. 손으로 말아주면서 이음매 부분을 잘 붙인다.

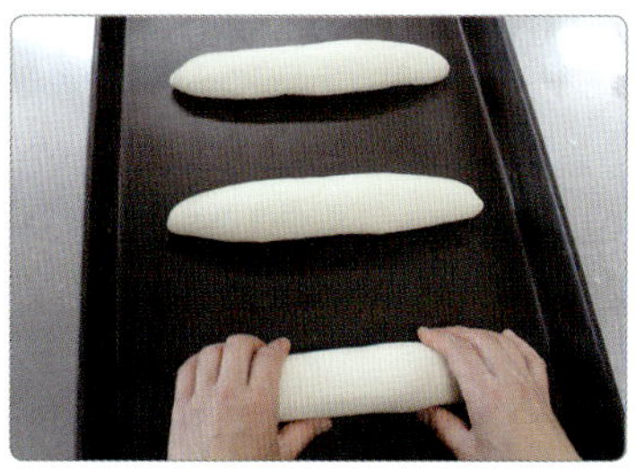

8. 철판에 패닝한 후 2차 발효시킨다.

9. 토핑물을 바른 후 윗불 185℃, 밑불 150℃, 35~40분에서 굽는다.

토핑물

1. 마가린을 제외한 모든 재료를 넣는다.

2. 섞어서 발효시킨다.

3. 녹인 마가린을 넣고 거품기로 저어준다.

요구사항

🕐 **4시간**

호밀빵을 제조하여 제출하시오.

1. 배합표의 각 재료를 계량하여 재료별로 진열하시오(**10분**).

2. 반죽은 **스트레이트법**으로 제조하시오.

3. 반죽 온도는 **25℃**를 표준으로 하시오.

4. 표준 분할 무게는 **330g**으로 하시오.

5. 제품의 형태는 **타원형(럭비공 모양)**으로 제조하고, 칼집 모양을 가운데 **일자**로 내시오.

6. 반죽은 **전량**을 사용하여 성형하시오.

배합표

재료	비율	무게
강력분	70%	770g
호밀가루	30%	330g
이스트	2%	22g
제빵개량제	1%	11g
물	60~63%	660~693g
소금	2%	22g
황설탕	3%	33g
쇼트닝	5%	55g
분유	2%	22g
당밀	2%	22g
계	177~180%	1947~1980g

만드는법

1. 클린업 단계에서 쇼트닝을 넣고 발전 단계까지 반죽한다.

2. 반죽 온도를 확인한다.

3. 1차 발효 모습

4. 분할하고 둥글리기를 한다.

5. 중간 발효 모습

6. 밀대로 밀어서 편다.

7. 뒤집어준다.

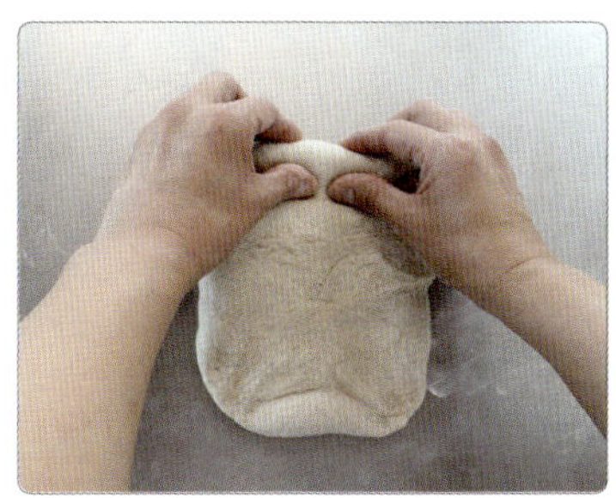

8. 럭비공 모양으로 만든다.

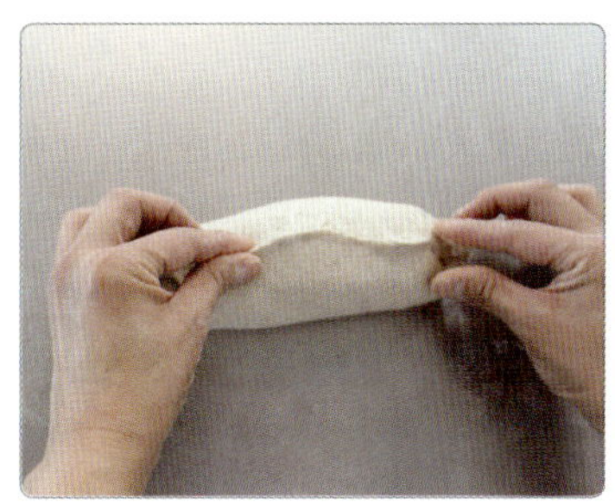

9. 이음매 부분을 잘 붙인다.

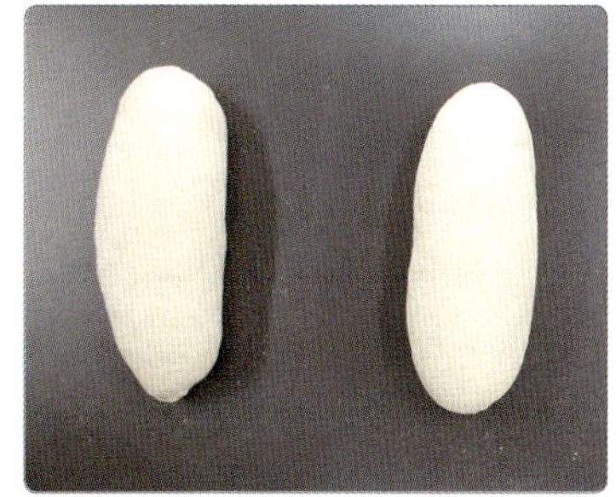

10. 패닝한 모습

11. 2차 발효 후 호밀가루를 뿌린다.

12. 칼집을 내고 윗불 180℃, 밑불 160℃, 25분 전후에서 굽는다.

페이스트리 식빵

  **4시간 30분**

페이스트리 식빵을 제조하여 제출하시오.

1. 배합표의 각 재료를 계량하여 재료별로 진열하시오(**10분**).
2. 반죽을 **스트레이트법**으로 제조하시오.
   (단, 유지는 **클린업 단계**에 첨가하시오.)
3. 반죽 온도는 **20℃**를 표준으로 하시오.
4. 접기와 밀기는 **3겹**, 접기는 **3회** 하시오.
5. **트위스트형(세가닥 엮기)**으로 성형하시오.
6. 반죽은 **전량**을 사용하여 성형하고, **4개**를 제조하여 제출하시오.

Point 성형은 파운드 팬을 사용한다.

배합표

재료	비율	무게
강력분	75%	825g
중력분	25%	275g
물	44%	484g
이스트	6%	66g
소금	2%	22g
마가린	10%	110g
달걀	15%	165g
설탕	15%	165g
탈지분유	3%	33g
제빵계량제	1%	11g
계	196%	2156g

충전물

충전용 재료는 계량시간에서 제외

재료	비율	무게
파이용 마가린	총 반죽의 30%	646.8(647)g

만드는 법

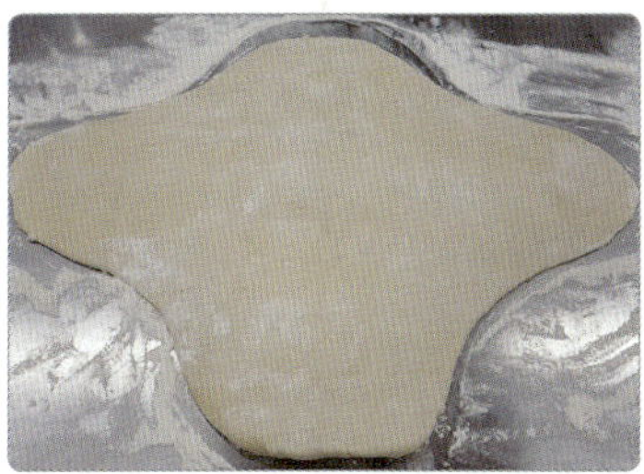

1. 휴지시킨 반죽을 밀어서 편다.

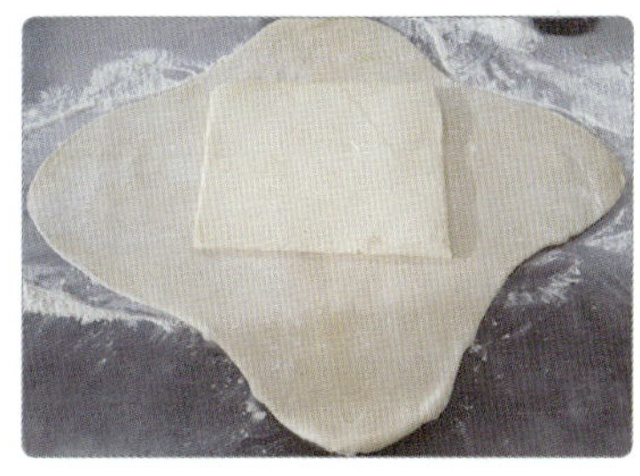

2. 파이용 마가린을 반죽 위에 올린다.

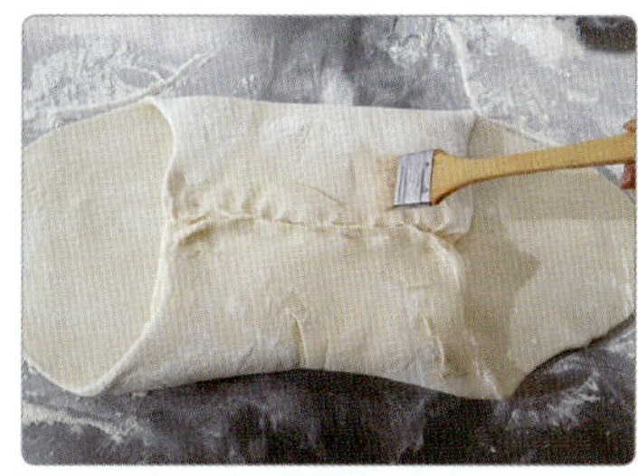

3. 파이용 마가린을 감싸고 덧가루는 붓으로 털어낸다.

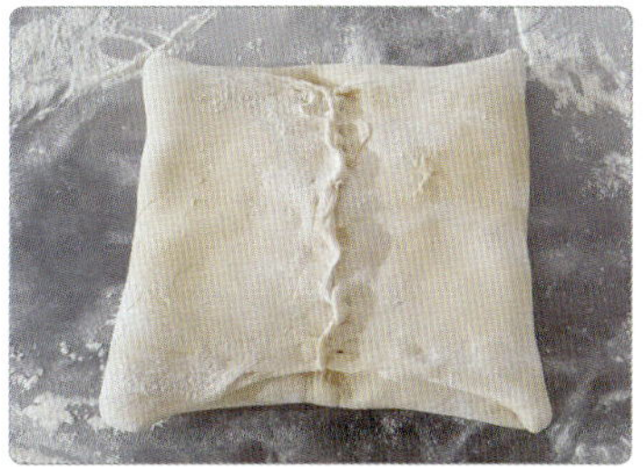

4. 완전히 감싼다.

5. 밀대로 밀어서 편다.

6. 3겹으로 접는다. 덧가루는 붓으로 털어낸다.

7. 3겹 접기를 3회 한다(3×3×3).

8. 가로 36~42cm, 세로 25±2cm로 재단한다.

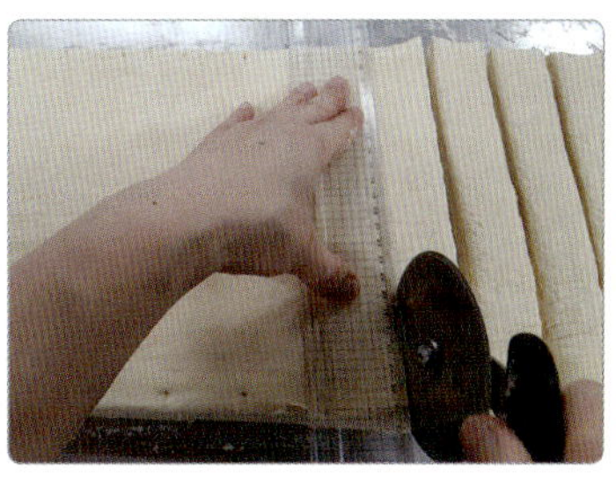

9. 자른다.

10. 반죽을 살짝 비틀어준다.

11. 3개를 1개 조로 하여 트위스트형으로 만든다.

12. 패닝하여 2차 발효 후 윗불 175℃, 밑불 185℃, 30분 전후에서 굽는다.

버터톱 식빵

 **3시간 30분**

버터톱 식빵을 제조하여 제출하시오.

1. 배합표의 각 재료를 계량하여 재료별로 진열하시오(**9분**).

2. 반죽은 **스트레이트법**으로 만드시오.
   (단, 유지는 **클린업 단계**에서 첨가하시오.)

3. 반죽 온도는 **27℃**를 표준으로 하시오.

4. 분할무게 **460g**짜리 **5개**를 만드시오(한 덩이: one loaf).

5. 윗면을 길이로 자르고 버터를 짜 넣는 형태로 만드시오.

6. 반죽은 **전량**을 사용하여 성형하시오.

Point 버터가 단단하면 저어서 부드럽게 한 다음 짤주머니에 담아서 짜준다.

배합표

재료	비율	무게
강력분	100%	1200g
물	40%	480g
이스트	4%	48g
제빵개량제	1%	12g
소금	1.8%	21.6(22)g
설탕	6%	72g
버터	20%	240g
탈지분유	3%	36g
달걀	20%	240g
계	195.8%	2349.6(2350)g

충전물

충전용 재료는 계량시간에서 제외

재료	비율	무게
버터(바르기용)	5%	60g

만드는 법

1. 최종 단계까지 반죽한다.

2. 반죽 온도를 확인한다.

3. 1차 발효가 된 것을 확인한다.

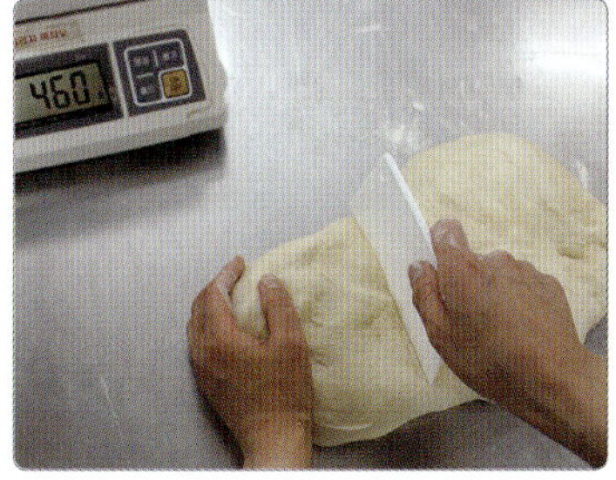

4. 반죽을 460g씩 분할한다.

5. 둥글리기를 한다.

6. 중간 발효 모습

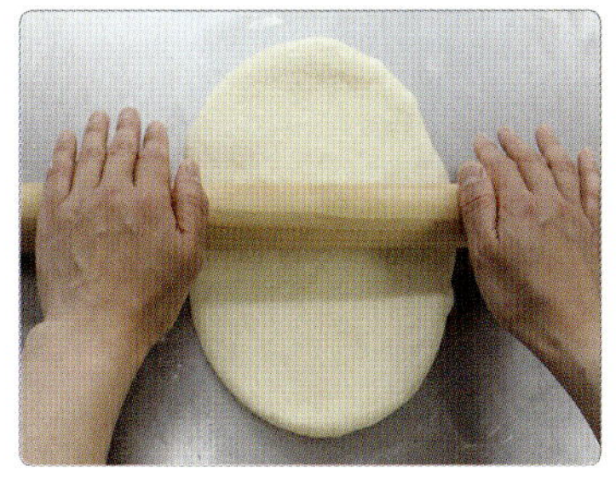

7. 밀대로 밀어서 편다.

8. 뒤집어서 말아준다.

9. 이음매 부분이 바닥으로 가도록 팬에 넣는다.

10. 2차 발효된 반죽에 칼집을 낸다.

11. 짤주머니에 버터를 넣는다.

12. 버터를 짜주고 윗불 178℃, 밑불 185℃, 30분 전후에서 굽는다.

옥수수식빵

요구사항 🕐 **4시간**

옥수수식빵을 제조하여 제출하시오.

1. 배합표의 각 재료를 계량하여 재료별로 진열하시오(**10분**).

2. 반죽은 **스트레이트법**으로 제조하시오.
   (단, 유지는 **클린업 단계**에서 첨가하시오.)

3. 반죽 온도는 **27℃**를 표준으로 하시오.

4. 표준 분할 무게는 **180 g**으로 하고, 제시된 팬의 용량을 감안하여 결정하시오.
   (단, **분할 무게×3**을 **1개**의 식빵으로 한다.)

5. 반죽은 **전량**을 사용하여 성형하시오.

배합표

재료	비율	무게
강력분	80%	1040g
옥수수분말	20%	260g
물	60%	780g
이스트	2.5%	32.5(33)g
제빵개량제	1%	13g
소금	2%	26g
설탕	8%	104g
쇼트닝	7%	91g
탈지분유	3%	39g
달걀	5%	65g
계	188.5%	2450.5(2451)g

만드는 법

1. 클린업 단계에서 쇼트닝을 넣는다.

2. 쇼트닝을 넣고 최종 단계까지 반죽한다.

3. 반죽 온도를 확인한다.

4. 1차 발효가 된 것을 확인한다.

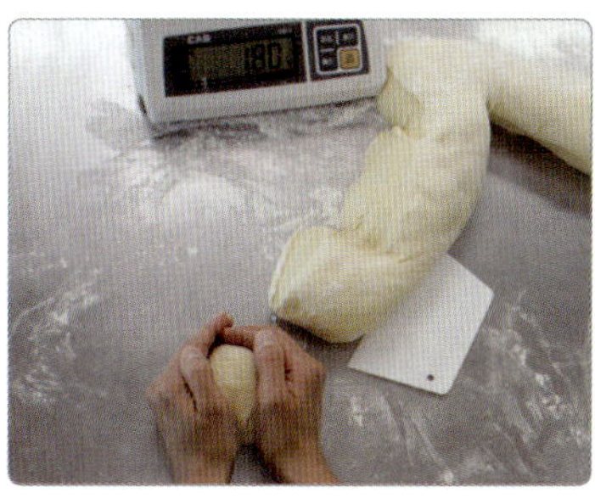

5. 분할 후 둥글리기를 한다.

6. 중간 발효 모습

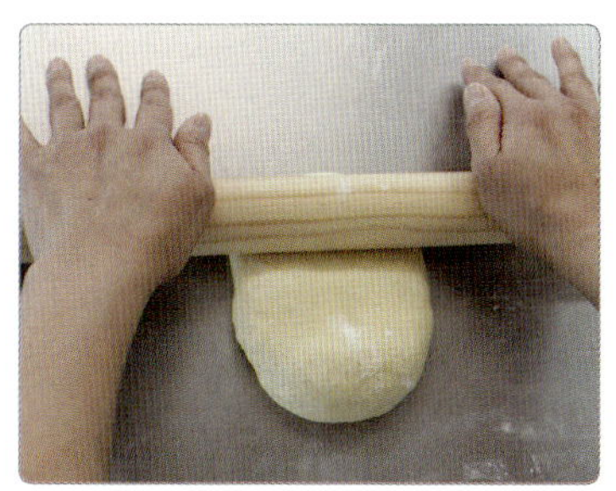

7. 밀대로 밀어서 편다.

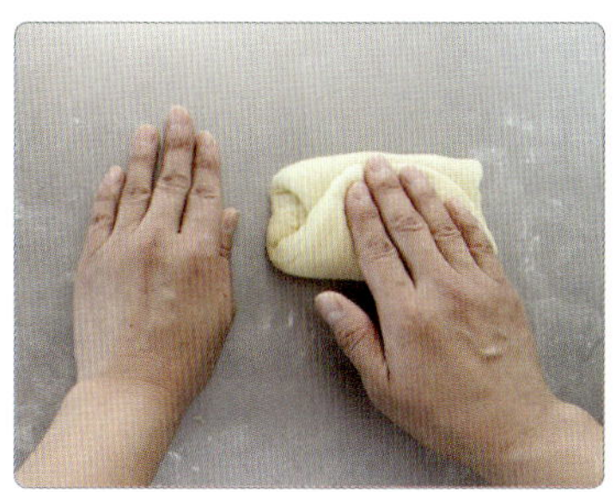

8. 3겹으로 접는다.

9. 말아준다.

10. 패닝한다.

11. 순서대로 패닝한다.

12. 패닝하여 누르고 2차 발효 후 윗불 178℃, 밑불 185℃, 30분 전후에서 굽는다.

데니시 페이스트리

  **4시간 30분**

데니시 페이스트리를 제조하여 제출하시오.

1. 배합표의 각 재료를 계량하여 재료별로 진열하시오(9분).

2. 반죽을 스트레이트법으로 제조하시오.

3. 반죽 온도는 20℃를 표준으로 하시오.

4. 모양은 달팽이형, 초승달형, 바람개비형 등 감독위원이 선정한 2가지를 만드시오.

5. 접기와 밀어 펴기는 3겹 접기 3회로 하시오.

6. 반죽은 전량을 사용하여 성형하시오.

Point 데니시 페이스트리는 식히는 동안 부피가 가라앉지 않도록 잘 구워야 한다.

배합표

재료	비율	무게
강력분	80%	720g
박력분	20%	180g
물	45%	405g
이스트	5%	45g
소금	2%	18g
설탕	15%	135g
마가린	10%	90g
분유	3%	27g
달걀	15%	135g
계	194%	1755g

충전물

충전용 재료는 계량시간에서 제외

파이용 마가린	총 반죽의 30%	526.5(527)g

1. 마가린을 제외하고 반죽한다.

2. 클린업 단계에서 마가린을 넣는다.

3. 발전 단계까지 반죽한다.

4. 반죽 온도를 확인한 후 냉장 휴지시킨다.

5. 파이용 마가린을 사각형 모양으로 만든다.

6. 4의 반죽을 밀어서 펴고 파이용 마가린을 올린다.

7. 파이용 마가린을 감싼다.

8. 파이용 마가린을 감싼다.

9. 파이용 마가린을 감싼다.

10. 밀어서 편다.

11. 좀 더 길게 밀어서 편다.

12. 3겹으로 접는다.

13. 3겹 접기를 3회 반복한다.
(3×3×3)

14. 초승달 모양을 성형하기 위해 자른다(세로 32cm, 두께 0.5cm).

15. 대각선으로 자른다.
(가로 10cm씩)

16. 다시 대각선으로 자른다.

17. 가운데를 자른다.

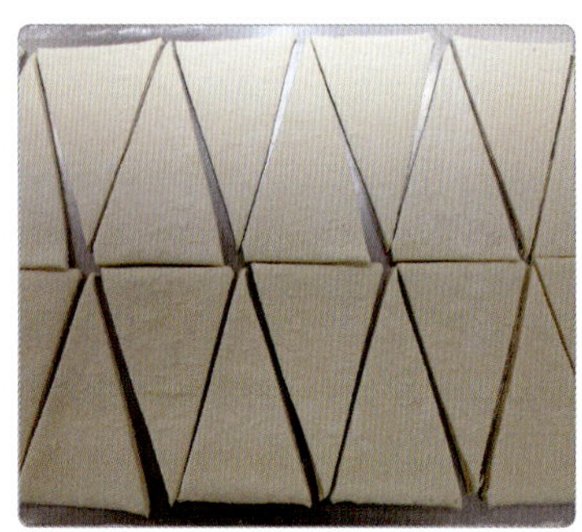

18. 삼각형으로 자른 모습

19. 밀대로 살짝 밀어준다.

20. 아랫부분을 살짝 자른다.

21. 말아준다.

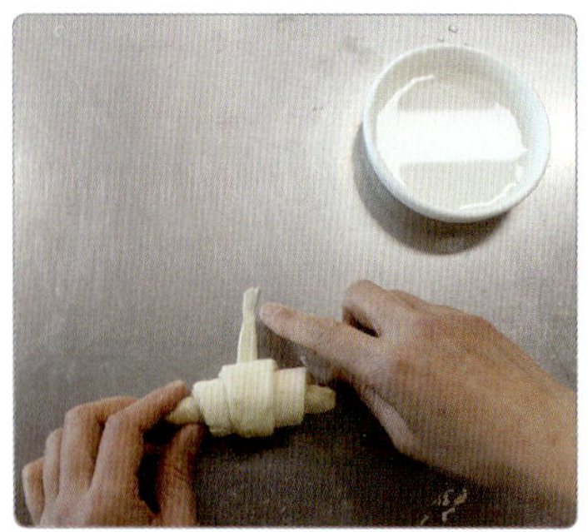

22. 끝부분에 물을 묻혀 붙인다.

23. 초승달형 완성

24. 가로, 세로 10cm로 자른다.

25. 바람개비 모양을 성형하기 위해 모서리 4군데를 자른다.

26. 바람개비 모양을 만든다.

27. 바람개비형 완성

28. 포켓 모양을 성형하기 위해 삼각형으로 접는다.

29. 접은 부분을 그림과 같이 자른다.

30. 편다.

31. 완전히 편 모습

32. 서로 엇갈리게 하여 포켓형 완성

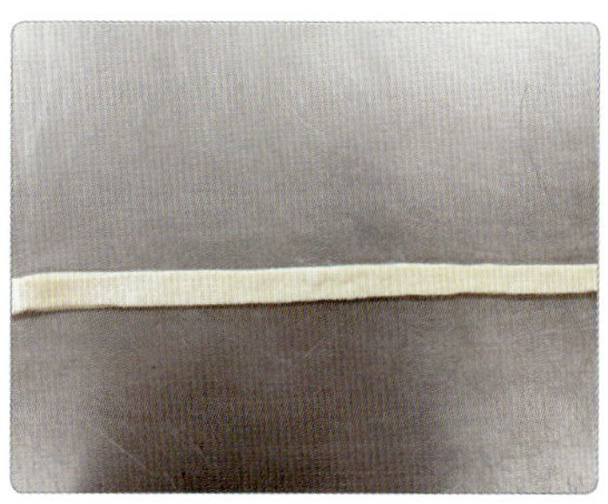

33. 달팽이 모양을 성형하기 위해 길게 자른다.

34. 비틀어준다.

35. 동그랗게 말아준다.

36. 달팽이형 완성. 윗불 180℃, 밑불 150℃, 25분 전후에서 굽는다.

요구사항 🕐 **4시간**

모카빵을 제조하여 제출하시오.

1. 배합표의 반죽 재료를 계량하여 재료별로 진열하시오(**11분**).

2. 반죽은 **스트레이트법**으로 제조하시오.
   (단, 유지는 **클린업 단계**에서 첨가하시오.)

3. 반죽 온도는 **27℃**를 표준으로 하시오.

4. 반죽 **1개**의 분할 무게는 **250 g**, 1개당 비스킷은 **100 g**씩 제조하시오.

5. 제품의 형태는 **타원형(럭비공 모양)**으로 제조하시오.

6. 토핑용 비스킷은 주어진 배합표에 의거 제조하시오.

7. 반죽은 **전량**을 사용하여 성형하시오.

배합표(반죽)

재료	비율	무게
강력분	100%	1100g
물	45%	495g
이스트	5%	55g
제빵개량제	1%	11g
소금	2%	22g
설탕	15%	165g
버터	12%	132g
탈지분유	3%	33g
달걀	10%	110g
커피	1.5%	16.5(17)g
건포도	15%	165g
계	209.5%	2304.5(2305)g

토핑용 비스킷

계량시간에서 제외

재료	비율	무게
박력분	100%	500g
버터	20%	100g
설탕	40%	200g
달걀	24%	120g
베이킹파우더	1.5%	7.5(8)g
우유	12%	60g
소금	0.6%	3g
계	198.1%	990.5(991)g

건포도 전처리

1. 건포도를 물에 한번 씻는다.

2. 손잡이 체에 거른다.

3. 키친타월로 물기를 제거한다.

만드는 법

1. 최종 단계 이후에 전처리한 건포도를 넣는다.

2. 1차 발효시킨다.

3. 1차 발효가 된 것을 확인한다.

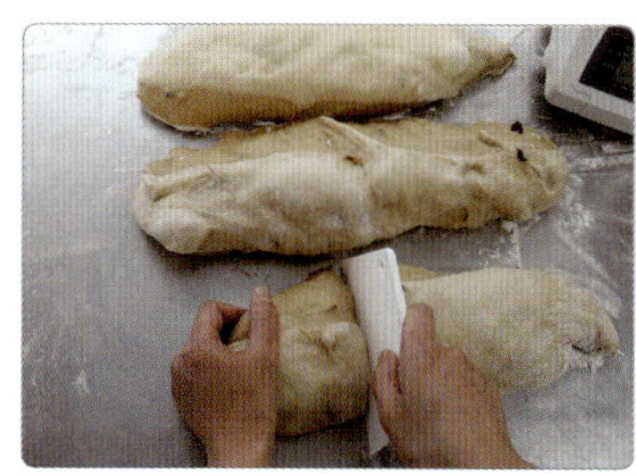

4. 반죽을 250g으로 분할한다.

5. 둥글리기를 한다.

6. 중간 발효가 끝난 반죽을 밀대로 밀어서 편다.

7. 반죽을 말아준 후 이음매 부분을 잘 붙인다.

8. 냉장 휴지시킨 비스킷을 100g씩 분할하여 비닐 속에 넣고 타원형으로 밀어서 편다.

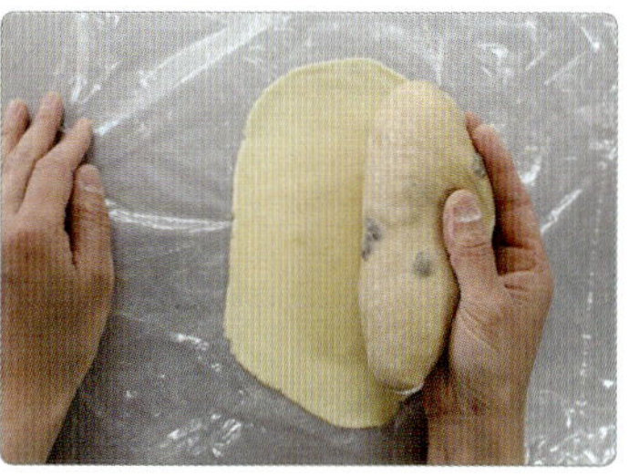

9. 7의 반죽을 8의 비스킷 위에 올린다.

10. 비스킷을 감싼 윗면의 모습

11. 비스킷을 감싼 밑면의 모습

12. 패닝하여 2차 발효 후 윗불 195℃, 밑불 150℃, 20분 전후에서 굽는다.

토핑용 비스킷

1. 버터를 부드럽게 만든다.

2. 설탕과 소금을 넣고 섞는다.

3. 달걀 1개를 넣고 섞는다.

4. 달걀 1개를 더 넣고 크림화시킨다.

5. 나머지 가루 재료를 넣고 나무 주걱으로 섞는다.

6. 우유를 넣고 섞는다.

7. 한 덩어리가 될 때까지 섞는다.

8. 비닐로 감싼다.

9. 납작하게 하여 냉장 휴지시킨다.

중세의 유일한 커피 수출 항구인 모카 항이라는 이름이 유럽으로 전파되기 시작하면서 모카는 일반적인 커피를 지칭하는 이름의 대명사가 되었다.

모카 항에서 수출되는 커피는 하나의 종류뿐이었으므로 이후에 모카 항을 통해 수출하기 위하여 짐을 실었던 예멘과 에티오피아 커피까지도 모카로 불렸다고 전해진다.

버터롤

  **4시간**

버터롤을 제조하여 제출하시오.

1. 배합표의 각 재료를 계량하여 재료별로 진열하시오(9분).
2. 반죽은 스트레이트법으로 제조하시오.
   (단, 유지는 클린업 단계에 첨가하시오.)
3. 반죽 온도는 27℃를 표준으로 하시오.
4. 반죽 1개의 분할 무게는 40g으로 제조하시오.
5. 제품의 형태는 번데기 모양으로 제조하시오.
6. 반죽은 전량을 사용하여 성형하시오.

배합표

재료	비율	무게
강력분	100%	1100g
설탕	10%	110g
소금	2%	22g
버터	15%	165g
탈지분유	3%	33g
달걀	8%	88g
이스트	4%	44g
제빵개량제	1%	11g
물	53%	583g
계	196%	2156g

만드는 법

1. 클린업 단계에서 버터를 넣는다.

2. 최종 단계까지 반죽한다.

3. 글루텐을 확인한다.

4. 반죽 온도를 확인한다.

5. 1차 발효가 된 것을 확인한다.

6. 반죽을 40g씩 분할한다.

7. 둥글리기를 한다.

8. 중간 발효 모습

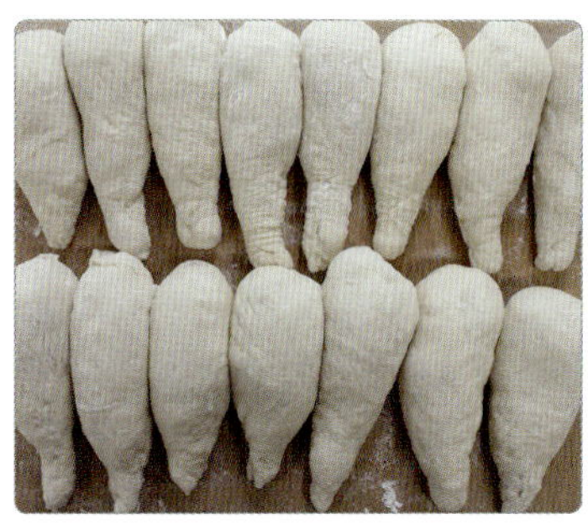

9. 올챙이 모양으로 만든다.

10. 반죽을 길게 밀어서 편다.

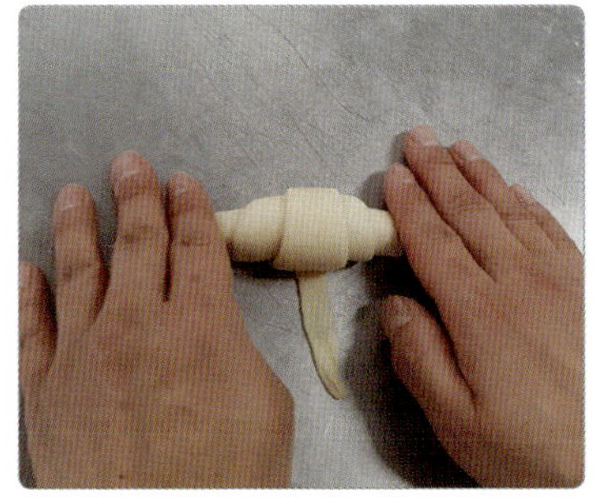

11. 번데기 모양으로 말아준다.

12. 패닝 후 윗불 195℃, 밑불 150℃, 20분 전후에서 굽는다.

쌀식빵

  **4시간**

쌀식빵을 제조하여 제출하시오.

1. 배합표의 각 재료를 계량하여 재료별로 진열하시오(**9분**).

2. 반죽은 **스트레이트법**으로 제조하시오.
   (단, 유지는 **클린업 단계**에서 첨가하시오.)

3. 반죽 온도는 **27℃**를 표준으로 하시오.

4. 분할 무게는 **198g**씩으로 하고, 제시된 팬의 용량을 감안
   하여 결정하시오.
   (단, **분할 무게×3**을 **1개**의 식빵으로 한다.)

5. 반죽은 **전량**을 사용하여 성형하시오.

배합표		
강력분	70%	910g
쌀가루	30%	390g
물	63%	819g
이스트	3%	39g
소금	1.8%	23.4(24)g
설탕	7%	91g
쇼트닝	5%	65g
탈지분유	4%	52g
제빵개량제	2%	26g
계	185.8%	2415.4(2416)g

만드는 법

1. 쇼트닝을 넣고 최종 단계 이후까지 반죽한다.

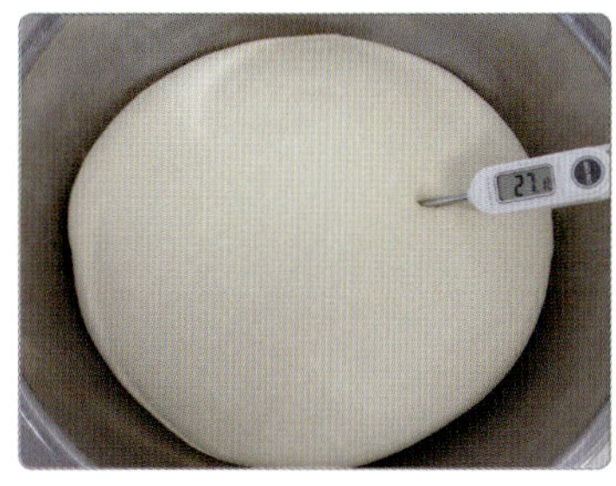

2. 반죽 온도를 확인한다.

3. 1차 발효가 된 것을 확인한다.

4. 반죽을 198g씩 분할한다.

5. 둥글리기를 한다.

6. 중간 발효시킨다.

7. 밀대로 밀어서 편다.

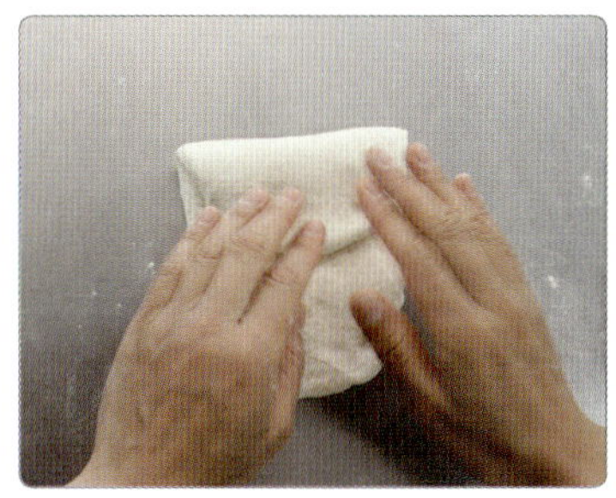

8. 3겹으로 접는다.

9. 말아준다.

10. 이음매 부분을 잘 붙인다.

11. 패닝한 후 살짝 눌러준다.

12. 2차 발효 모습. 윗불 178℃, 밑불 185℃, 30분 전후에서 굽는다.

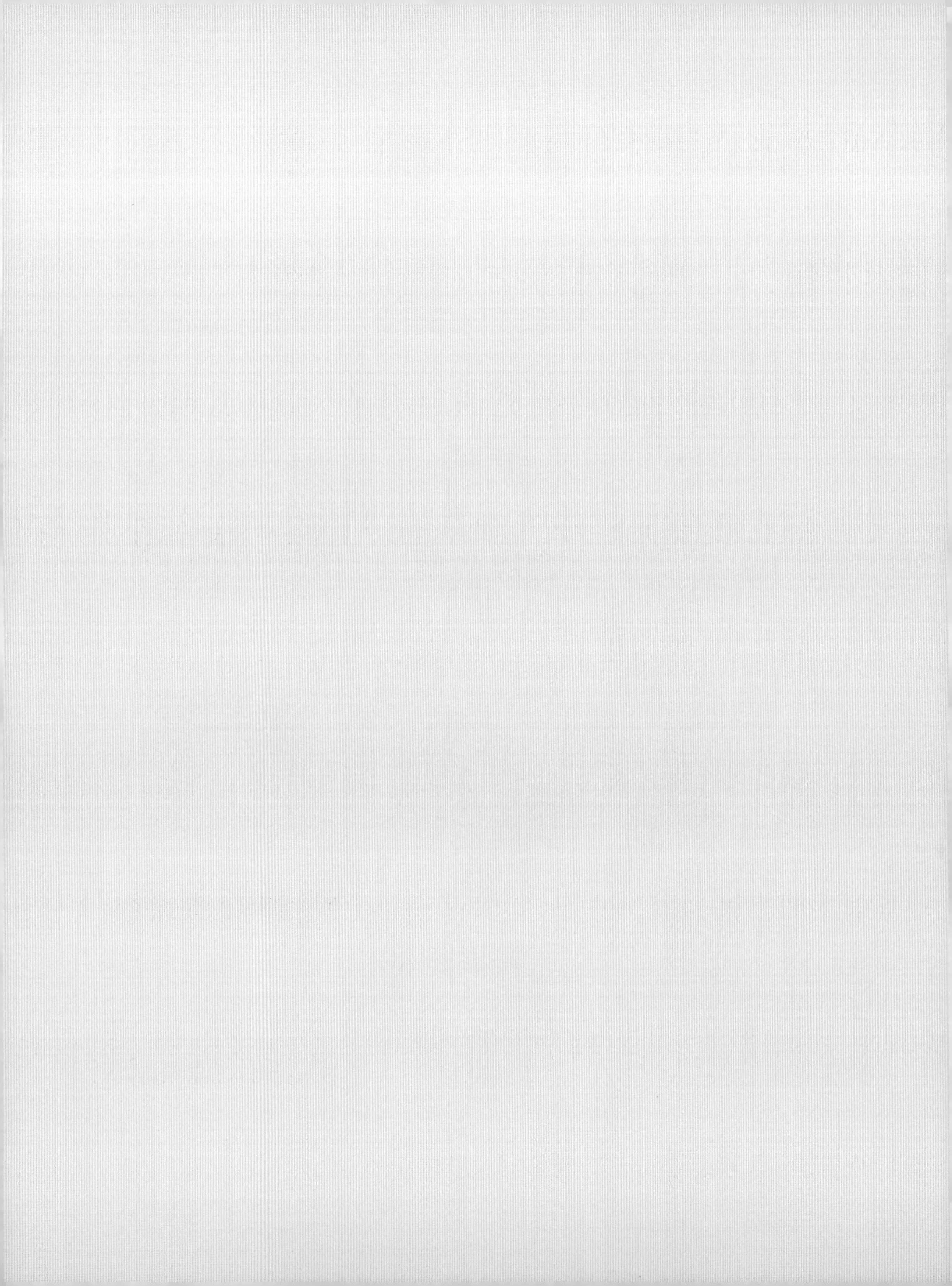

제과 · 제빵기능사 실기

2018년 7월 10일 인쇄
2018년 7월 15일 발행

저자 : 이승식 · 김지은 · 채은주 · 홍여주
펴낸이 : 이정일

펴낸곳 : 도서출판 **일진사**
www.iljinsa.com
(우)04317 서울시 용산구 효창원로 64길 6
대표전화 : 704-1616, 팩스 : 715-3536
등록번호 : 제1979-000009호(1979.4.2)

값 20,000원

ISBN : 978-89-429-1556-9